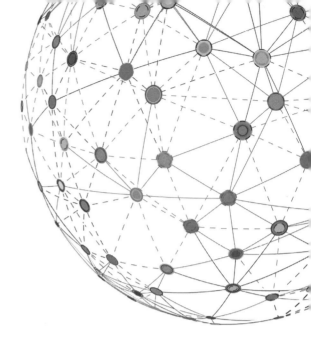

U0343444

OpenStack
常用部署

[美] 伊丽莎白 K. 约瑟夫 (Elizabeth K. Joseph) 著
马修·费希尔 (Matthew Fischer)

陈琳华 译

人民邮电出版社
北　京

图书在版编目（CIP）数据

OpenStack常用部署 / （美）伊丽莎白·K.约瑟夫
(Elizabeth K. Joseph)，（美）马修·费希尔
(Matthew Fischer) 著；陈琳华译. -- 北京 ：人民邮
电出版社，2018.4
书名原文：Common OpenStack Deployments: Real-
World Examples for Systems Administrators and
Engineers
  ISBN 978-7-115-47731-6

  Ⅰ. ①O… Ⅱ. ①伊… ②马… ③陈… Ⅲ. ①计算机
网络 Ⅳ. ①TP393

  中国版本图书馆CIP数据核字(2018)第013556号

内 容 提 要

　　本书是完整且实用的OpenStack部署指南，让读者理解如何部署OpenStack的同时了解它的内部结构。书中先概述云计算和OpenStack的概念和OpenStack单服务器部署工具DevStack，并介绍OpenStack关键组件，包括仪表盘（Horizon）、计算（Nova）、身份（Keystone）、网络（Neutron）、镜像服务（Glance）、块存储（Cinder）、对象存储（Swift）、遥测（Ceilometer）、裸机（Ironic）、编排（Heat）、容器（Magnum）等；接着通过介绍多种类型的OpenStack部署实例，讲解不同云环境（公有云、私有云、块储存云和对象存储云）的部署，以及在功能丰富的云环境中集成多个组件的方法；最后介绍更为广泛的OpenStack生态系统及最新的增强功能，这些增强功能使OpenStack平台变得更加成熟且完备。

　　本书的目标读者是致力于学习OpenStack基础知识，并尝试各种部署场景的Linux和Unix系统管理员和网络工程师。

◆ 著　　　[美] 伊丽莎白 K. 约瑟夫（Elizabeth K. Joseph）
　　　　　　　马修·费希尔（Matthew Fischer）

　　译　　　　陈琳华
　　责任编辑　杨海玲
　　责任印制　焦志炜

◆ 人民邮电出版社出版发行　　北京市丰台区成寿寺路 11 号
　　邮编　100164　　电子邮件　315@ptpress.com.cn
　　网址　http://www.ptpress.com.cn
　　大厂聚鑫印刷有限责任公司印刷

◆ 开本：800×1000　1/16
　　印张：16.25
　　字数：366 千字　　　　　　　　　2018 年 4 月第 1 版
　　印数：1 – 2 400 册　　　　　　　 2018 年 4 月河北第 1 次印刷
　　　　　著作权合同登记号　图字：01-2016-9399 号

定价：69.00 元
读者服务热线：(010)81055410　印装质量热线：(010)81055316
反盗版热线：(010)81055315
广告经营许可证：京东工商广登字 20170147 号

版权声明

前言

你会突然间明白：现在是开始新事物，相信起始的魔力的时候了。

——梅斯特·埃克哈特[1]

如今，各公司在基础设施方面正变得越来越严重地依赖虚拟化和基于云的解决方案。无论他们是将工作交给第三方云服务提供商，还是使用虚拟化的本地解决方案，或是在自己的数据中心构建云，OpenStack 都为其提供了大量的帮助。OpenStack 是一款用于构建私有云和公有云的开源软件，本书将介绍如何在企业中使用和部署 OpenStack。

作为开源项目的 OpenStack 虽然 2010 年才出现，但是很快就获得了全球众多公司和广大开源社区的支持。仅仅过了 3 年时间，开源大会上关于 OpenStack 的讨论就突然多了起来，社区中的一些人开玩笑称开源大会中的"OS"不再代表"Open Source"，而是代表"OpenStack"。随着各公司不断扩展其私有云部署，对该领域内人才的需求不断增长，OpenStack 专家的薪酬也随之水涨船高。

目标读者

本书的目标读者是致力于学习 OpenStack 基础知识，并尝试着运行那些可被转化为实际部署的示例部署场景的 Linux 和 Unix 系统管理员和网络工程师。本书会深入解析最为流行的 OpenStack 使用方式以及如何在公司中使用它们。

虽然本书会给出详细的命令，但还需要读者精通 Linux 系统管理，这样才能将重点放在学习 OpenStack 和简化故障排除任务上。如果读者是在一系列虚拟机上而不是在裸机服务器上进行部署，那么还需要熟悉虚拟机技术。如果希望获得手把手的指导，本书还提供了一个利用 KVM 和 QEMU 在 Ubuntu 上使用虚拟化技术的参考部署。尽管如此，本书的目的是将虚拟化选项留给读者决定，让他们更为容易地转向物理设置。

网络是 OpenStack 的重要组成部分，因此本书介绍了一些基本的网络经验。第 3 章中的图表将帮助读者理解本书中列出的 OpenStack 网络架构。

---

[1] 梅斯特·埃克哈特（Meister Eckhart），德国哲学家、神秘主义神学家，其哲学和神学含有希腊哲学、新柏拉图主义及阿拉伯哲学的因素，对其后的宗教改革、浪漫主义思想、德国哲学及现代存在主义等均有一定影响。——译者注

目标与愿景

在参加了多个开源会议后，我发现 OpenStack 在这些会议中逐渐成为热门话题，受此启发我写了这本书。尽管有这么多的演讲，我还是会从朋友和同行那里收集一些关于在公司中如何使用 OpenStack 的实际问题。为此，本书每一章都有一个部署场景，这些章在开始时会介绍多个公司在生产中使用 OpenStack 的真实案例，从提供 Web 服务器机群到日志存储，再到备份和数据处理，这些使用案例可帮助读者为 OpenStack 找到一个定位，从而完成跨不同行业的公司、大学和政府机构的各种任务。

无论读者是正在尝试自己进行 OpenStack 部署，还是选择与厂商合作，本书都将通过示例部署提供指导。读者可以学到如何配置各种 OpenStack 组件的基础知识，然后尝试通过 Web 仪表盘和 OpenStack 命令行客户端与其进行交互。此外，本书还讲解了组件间彼此交互的机制，以便读者能够理解如何与系统进行交互。

系统要求

为运行本书中的大部分部署场景，读者至少需要两台配置有 6 GB RAM 和 50 GB 硬盘空间的计算机。如果使用的是虚拟化技术，包括使用附录 A 中我们已测试过的参考部署，那么笔记本电脑配置 8 GB RAM 就足够了。如果选择使用真实硬件，则需要两台计算机和两台交换机。一台交换机必须要与可接入因特网的网络连接在一起，以便可以安装系统包以及在系统中安装配置管理工具。

虚拟环境与物理环境选项的图表，包括每种环境的参数细目列表，均在第 3 章中。

Ubuntu

要完成部署场景，需要下载最新的 Ubuntu 14.04 ISO 镜像。Ubuntu 是基于 Debian 的 Linux 发行版，首个版本在 2004 年推出。其初衷是让普通用户更容易上手 Linux，然而在过去的 5 年里，Ubuntu 在服务器领域出现了爆炸式增长。目前 Ubuntu 已经成为 OpenStack 和亚马逊 Elastic Compute Cloud（EC2）等其他云平台的首选。

OpenStack 的出现也与 Ubuntu 社区有着千丝万缕的联系。该项目的许多早期贡献者来自 Ubuntu 项目。使用 Ubuntu 的决定源自作者的专业知识，以及对将重点放在理解部署类型和 OpenStack 相关基础知识而不是底层操作系统的渴望。

尽管 OpenStack 的生态系统比 Ubuntu 更广，且拥有基于 Red Hat Enterprise Linux（RHEL）的专业服务，甚至正向着 Linux 之外的其他操作系统扩展，但本书采用 Ubuntu 14.04 LTS（长期支持版本）作为 OpenStack 的基础安装。

由于本书中的 Ubuntu Cloud Archive（见第 1 章）不同于 RHEL、CentOS openSUSE 和 Fedora 等系统中的同类产品，因此这将在一定程度上影响配置。不过，使用所选定的系统进行规划来转入生产环境时，核心的 OpenStack 知识和部署示例也可以导出到其他系统。

Puppet

Puppet 在 2005 年推出了首个版本，如今已经成为全球最流行的配置管理系统之一。Puppet OpenStack 模块为 OpenStack 社区首批成熟的配置管理系统项目之一。在 OpenStack 每个版本公布的数周内即可获得该版本的 Puppet 模块。

与选择 Ubuntu 一样，配置管理选择 Puppet 可以让我们能够在关注基础部署和管理上投入较少的精力，而更多地专注于学习 OpenStack。虽然读者会针对这些部署使用 Puppet 命令，但是基本概念已阐述过，并且不需要预先知道 Puppet 的知识。此外，OpenStack 的 Puppet 模块的创建者为来自全球的、背景各异的开发者和运维人员，并且得到了多家公司的官方支持。他们以能够游刃有余地灵活应对各种不同环境而著称。

我们将使用 Ubuntu 14.04 中默认安装的 Puppet 版本。如果想尝试在生产环境中运行 Puppet，那么 OpenStack Puppet 团队推荐使用直接来自 Puppet 的 Puppet 版本来替代。附录 C 中会包含这些内容。OpenStack 的 OpenStack Puppet 模块目前正在 Ubuntu 和 CentOS 上进行测试。

如果公司更喜欢 Chef、Ansible 或其他东西，附录 B 可让读者概略地了解其可能有兴趣使用的其他配置管理与编排服务。

简介

下面是从每章和附录中能够学到的知识的简短介绍。

- **第 1 章：OpenStack 是什么**。在开始介绍 OpenStack 之前，这一章作为开篇将简要介绍一下云计算。这一章会概述后面各章中将深入探讨的所有 OpenStack 组件。这一章最后会探讨 OpenStack 发布周期、Ubuntu 和 Puppet 如何成为这一周期的考虑因素以及它们在本书中的用法。
- **第 2 章：DevStack**。虽然是作为非生产级开发工具创建的，DevStack 也是 OpenStack 单服务器部署的重要入门工具，旨在让用户快速地熟悉单服务器部署。读者将学习如何使用它们，如何启动自己的首个计算实例，以及如何执行基本的调试技术。
- **第 3 章：网络**。网络是一个重要且复杂的 OpenStack 组件。用户在构建自己的部署时，网络可促进用户决策。这一章致力于阐述 OpenStack 中关于网络的关键概念，深入研究部署场景所需的网络决策与需求。图文结合的描述将有助于读者理解这些概念。
- **第 4 章：首个 OpenStack**。在阅读关于使用配置管理的章节前，这一章将带领读者快速浏览 Nova 计算、Keystone 身份验证、Glance 镜像存储和 Neutron 网络等 OpenStack 基本组件的手动安装程序。这可让读者充分理解从数据库到 Keystone 中的服务用户等部分是如何组合在一起的,这些在后面几章中会由配置管理自动交给队列系统。

- **第 5 章:部署的基础**。这一章是所有使用 Puppet 的后续部署场景的基础,会阐述核心组件,设置基本的控制器和计算节点,总结确认它们正常工作的一些基本使用测试。

- **第 6 章:私有计算云**。作为第一个由 Puppet 驱动的部署场景,这一章会提供一些使用示例,介绍与私有计算云交互的基础知识。读者将学习如何添加计算模板(compute flavor)和自己的第一个操作系统镜像,如何启动并与来自 Horizon 仪表盘和命令行客户端的 Nova 计算实例进行交互,以及完成一个基本的 Web 服务演示。

- **第 7 章:公有计算云**。这个部署场景增加了使用 Ceilometer 对云的计量。Ceilometer 可为用户部署追踪 RAM、CPU、网络等使用情况。随后,用户可将这些反馈给系统以进行监控和计费。这一章会提供一些使用示例、Ceilometer 的基本介绍以及如何在密切关注命令行客户端的情况下使用它们。

- **第 8 章:块存储云**。在介绍完以计算为重点的部署之后,这一章将介绍块存储的概念,并提供使用示例。在阐述了 OpenStack Cinder 块存储架构的基础知识之后,我们将带领读者快速地浏览配置。随后,读者可将 Cinder 块存储设备附加到计算实例上,对其进行分区,赋予其一个文件系统并将其挂载在计算实例内,以便能够为其添加文件。

- **第 9 章:对象存储云**。这一章将继续向读者介绍存储,介绍使用 Swift 的对象存储的概念。读者将学到基本的 Swift 概念和部署考虑,然后创建自己的微型 Swift 部署。利用这一部署场景,读者可创建存储容器、上传文件,并通过包含一个由计算实例上的对象存储提供服务的镜像构建自己的早期 Web 服务演示。

- **第 10 章:裸机配置**。在介绍完部署场景后,这一章将会介绍 OpenStack Ironic 裸机配置的使用示例和架构概况。读者无法针对这一章进行实际部署,原因是我们无法对读者的硬件进行假设,但是我们还是对可能的做法提供了指导。

- **第 11 章:控制容器**。作为又一个非部署章节,在这一章中,读者将明白自己希望在 OpenStack 部署中使用容器的原因。这一章将继续对 OpenStack Magnum 和部署的考虑因素进行基本介绍。

- **第 12 章:一个完整的云**。这一章再次回到我们的部署场景,提供一个最终场景,第 6 章至第 9 章中的所有组件都将出现在这个场景中。这一章将展示如何一起使用它们。我们鼓励读者在这一功能丰富的云场景中展开自己的测试。

- **第 13 章:故障排除**。OpenStack 是一个复杂的基础设施项目,每位运行它的工程师都需要擅长故障排除。我们将带领读者快速地熟悉错误信息、日志文件、网络问题排除工具、配置文件中的常见错误和基本的 Puppet 调试技巧。这一章会总结一些关于如何在部署中缓解崩溃以及如何寻求帮助的小技巧。

- **第 14 章:厂商与混合云**。最后一章会介绍一个涵盖厂商和混合云的广泛的 OpenStack 生态系统。它将本地 OpenStack 部署与托管解决方案混合在了一起。这一章会包括从成本到数据主权和安全性等方面所做选择的评估考虑。

- **附录 A：参考部署**。当读者在环境选择方面遇到麻烦或是没有主意时，这个附录会为读者提供一个可能会用上的经过测试和虚拟化的参考部署。
- **附录 B：其他部署机制**。虽然我们在本书中使用的是 Puppet，但是这个附录会介绍部署 OpenStack 的其他方式，包括 Chef、Ansible 以及在哪里能够找到特定厂商的工具。
- **附录 C：经久耐用的 Puppet**。本书中的 Puppet 示例是手动触发的。在创建一个适当的、可维护的 Puppet 系统时，这个附录对用户的选项提供了相关指导。
- **附录 D：为 OpenStack 贡献代码**。受到启发想要为 OpenStack 做贡献？需要一个功能抑或是修复错误？这个附录会介绍如何为 OpenStack 开源项目贡献代码，包括社区成员如何沟通以及如何使用开发工具。
- **附录 E：OpenStack 客户端（OSC）**。OpenStack 客户端正快速取代每个项目中个别维护的客户端。这个附录会提供部分常见命令的一些背景知识和快速参考。
- **附录 F：通过 OpenStack 寻求帮助**。最后一个附录会简要介绍 OpenStack 社区中的支持选项，包括在线的和面对面的支持。这个附录还会总结如何找到快速支持的小技巧。

约定

本书使用的是 sudo，而非 root 用户。因此所有的命令前均缀有一个美元符号（$）以表示应将该命令键入 shell 中。例如，在准备 Ubuntu 系统并希望在安装任何东西之前更新 Ubuntu 源时，我们将进行如下操作：

```
$ sudo apt-get update
```

当包含多个行时，我们使用 bash 语法中的\表示命令包括下面的行。创建计算实例是一个很好的示例：

```
$ openstack server create --flavor m1.tiny --image "CirrOS 0.3.4" \
  --security-group default --nic net-id=Network1 \
  --availability-zone nova my_first_instance
```

对于大多数 OpenStack 命令，我们都会提供运行每个命令时可能会出现的示例输出，但 Ubuntu 包安装、Git 克隆和 MySQL 命令等标准工具的输出通常不包括在内。

补充材料

正如讨论的那样，我们需要一个 Ubuntu 14.04 ISO 副本以在最初的 OpenStack 控制器节点和计算节点上安装 Ubuntu。对于使用 Ubuntu 作为计算实例的部署示例，Ubuntu 14.04 server QCOW2 云镜像需要被上传至 Glance。所有 Puppet 模块和其他软件包将通过脚本（指导读者使用的）或 Puppet 下载。

本书还有一个被托管在 GitHub 上的附带 Git 项目，网址为 https://github.com/DeploymentsBook。

这个项目被分解为如下几个存储库。

- **http-files**——用于基础的 Web 服务器示例。
- **puppet-data**——克隆该库以引导在 OpenStack 节点上安装 Puppet。它还包括用户将进行编辑的核心配置文件 hiera/common.yaml。
- **puppet-deployments**——一个组成模块,由 puppet-data 中的 setup.py 自动拉入,用于我们所有部署场景。其包括服务配置文件和每章中使用的基础角色。此外,其中还包括针对最新问题和解决方法的 README.md 文件,这些将在本书适用期限内被更新。
- **scripts-and-configs**——提供各种脚本、命令和配置文件示例,以便读者在需要的时候查看或复制它们。这个目录中为部署章节提供的命令对查看那些不适合在打印页面上浏览的 OpenStack 客户端输出具有特殊的价值。

最后,读者可在我们的网站 http://deploymentsbook.com/中找到一个博客和本书可用资料的最新更新。此外,读者还可在 Twitter 上关注@DeploymentsBook 来获得更新。

致谢

在开始编写本书时，我认为这项工作很适合自己，同时也知道自己需要社区内众多成员的帮助。OpenStack 是一个庞大的基础设施项目。这一项目的方方面面都在不断地细化和修改，甚至连官方的项目文档都在努力地跟上它们。经常有新的项目加入，同时现有项目的成熟程度也不尽相同。

在开始动笔几个月后，我找来了 Matthew Fischer 与我合著。为了让 Puppet 组成模块能够工作，他在 3 个 OpenStack 版本中做了大量的工作。没有他的努力，本书无法达到这样的理论级别。OpenStack Puppet 团队的 Colleen Murphy 花了大量时间与我们一起修改稿件，并审阅了各章和附录。Clayton O'Neill、Eric Peterson、Adam Vinsh 与 Matthew 密切合作，为解决 Puppet 配置问题提供了帮助。我们还从 OpenStack Puppet 项目的项目团队主管 Emilien Macchi 那里得到了建议并进行了所需的修改。

感谢作为专家抽出时间审阅了部分单章的来自不同团队的成员，包括 Mike Perez、Gordon Chung、Donagh McCabe、Matthew Oliver、Hisashi Osanai、Christian Schwede、Kota Tsuyuzaki、Julia Kreger 和 Charlie Crawford。Pasi Lallinaho 帮助我们将基本的 HTML 页面示例变得赏心悦目。此外，在部分章节中，我还从我的朋友、资深系统与网络工程师 Jonathan DeMasi、Ola Peters、Joe Gordon、Eric Windisch、James Downs 和 Brent Saner 那里获得了帮助。

此外，我们还要感谢 José Antonio Rey、Mohammed Arafa、Doug Hellman 和 Christian Berendt 等多名有着不同背景的多章审稿人。

在整个过程中，我的丈夫 Mike Joseph 是我的坚实后盾。在我对自己完成这本书缺乏信心的最艰难的时刻，他一直在为我加油鼓劲。

最后，我还想感谢一下培生集团的编辑们。感谢本书的编辑和主要联系人 Debra Williams Cauley 对如何处理每个部分提出的建议，让我在整个编写过程中没有跑偏。Chris Zahn 编辑在整本书的编辑过程中尽职尽责，在此一并表示感谢。

作者简介

　　伊丽莎白 K. 约瑟夫（Elizabeth K. Joseph），OpenStack 基础设施项目的系统管理员。在这个团队中，她的工作是给为项目做出贡献的 OpenStack 开发者提供支持，她在 OpenStack 开发邮件列表中很活跃，并在 OpenStack（TripleO）项目中从事 OpenStack 测试工程。此外，她还一直对旧金山湾区的公司开展 OpenStack 基础培训，并定期参加一年两次的 OpenStack 设计峰会（OpenStack Design Summits）。在全球会议中，她经常会就开源主题进行演讲。除了 OpenStack，Joseph 的工作还包括为 Ubuntu 项目做贡献，为一个向公立学校提供 Linux 计算机的非营利机构的董事会提供服务。

　　马修·费希尔（Matthew Fischer），作为软件开发者，工作时间已经超过了 15 年，从事过 UNIX 内核、移动开发、DevOps 等工作。Matthew 目前正在为一个部署和运行 OpenStack 的团队工作，他从 2013 年开始使用 Puppet 部署 OpenStack。在不工作时，他会享受徒步旅行、野营、滑雪、品尝精酿啤酒，或是与位于科罗拉多州柯林斯堡的家人待在一起。

目录

第1章

OpenStack 是什么

如果我能够完全记住这些粒子的名字，我早就是一位植物学家了。

——恩里科·费米[①]

作为对于各种类型部署都有着众多选项的基础设施项目，回答"OpenStack 是什么？"这个问题需要花上一些时间。简单地说，OpenStack 可以为一系列独立而又相互关联的软件构建一个用于部署和管理多种服务器和存储阵列的基础设施。这些软件包括针对基于 Web 或 API 的控制、计算、网络、对象存储、块存储的项目。

本书涵盖了所有这些不同的组件。在本章中，我们讨论了一些关于云的基本知识，并为读者提供了概述。在后续几章中，随着读者开始进行示例部署，这一概述可作为针对各种组件的参考。随着读者进入每种部署场景，我们将提供关于每个组件的更多细节，以及它们是如何与正在进行的部署相关联的。

前言部分已阐明本书的目标操作系统为 Ubuntu。本章将讨论 Ubuntu Cloud Archive。Ubuntu Cloud Archive 一直在为支持 Ubuntu Long Term Support 版本的一切和将用于部署场景的 Puppet 模块提供最新的 OpenStack 版本。

1.1　云

"云"这个术语近年来被频繁使用。对于外行人来说，它们可能代表一个能够通过手机上的同步和存储应用保存所有音乐和照片的地方。为薪资会计工作的开发者可能会将云视为一个可以编写财务部门应用程序的平台。对于系统管理员，它们可能特指一个设置有虚拟机的地方，这里的虚拟机可按需扩展和部署，但是在部署应用方面又与其他的基础服务器几乎没有区别。

[①] 恩里科·费米（Enrico Fermi），美籍意大利裔物理学家，1938 年诺贝尔物理学奖获得者。——译者注

在这里我们需要理解不同的"即服务"（as a Service）模式之间的差别。

在第一个用户上传照片和音乐的例子中，它们通常被叫作软件即服务（Software as a Service，SaaS）。用户可以通过本地应用完成数据同步任务。数据被上传至某个集中地，用户无法查看也无法控制这一工作方式。当用户关闭设备，"云"端的软件仍然在运行。这与过去用户将所有文件存储在台式机上，然后再与手机同步的工作方式截然不同。

第二个例子使用的是平台即服务（Platform as a Service，PaaS）。开发团队可以选择一个特定的 PaaS 服务提供商。这个提供商要拥有所需的后台，支持开发团队的工具并且重视他们的公司。对于薪资部门，他们可以选择一个擅长财务且允许他们创建自己的应用以支持和添加默认功能的 PaaS 服务提供商。如今，他们正在使用在线服务，以替代为会计师们创建的用于交互的本地服务器。这个在线服务使用的架构得到了 PaaS 服务提供商的支持，并且拥有由部门自己的开发者提供的功能。同样，在客户端也无法查看和控制这一工作方式。

第三个部署可扩展的虚拟机的例子为最低层级的基础设施即服务（Infrastructure as a Service，IaaS）。即便从厂商那里购买了这一服务，用户通常仍无法控制底层硬件，如后台网络是如何工作的，也无法查看硬盘是何时坏的。尽管如此，用户可以访问自己所创建的每个虚拟机上的完整操作系统，自由选择软件和处理问题，而无需为让硬件处于正常运行状态而操心。

OpenStack 诞生于 2010 年中，正是"……即服务"模式不断增长的时期。

OpenStack 加入云

OpenStack 的任务描述如下："在满足云用户需求的情况下，通过简单实现与大规模扩展，生产出一个无处不在的开源云计算平台。这个平台能够创建可相互操作且无关规模大小的私有云与公有云。"这一描述使读者能够了解 OpenStack 诞生之时其身处的大环境。虽然有一些针对云的开源选项，但是这并不是 OpenStack 最终提供的全面解决方案。

OpenStack 诞生于 2010 年，是云技术领域中相对较新的新事物。它们最初是为了让 Rackspace 和 NASA 在同一时间内实现开源组件的协作。为此，两家机构高调地推出了 OpenStack。随后，众多主流技术公司迅速加入这一项目，与在本地创建自己的产品相比，这些公司对开放云技术的集中化内核的合作更感兴趣。在多家创始公司的支持下，OpenStack 基金会在 2012 年正式成立，旨在提供一个独立于任何公司之外的机构。基金会提供了商标保护和 OpenStack 内部涉法问题的处理服务，对众多相关公司的参与行为进行组织，促进并维护开发社区、用户社区和运维人员社区的健康。为此，OpenStack 基金会每六个月组织召开一次 OpenStack 峰会（OpenStack Summit），处理商标纠纷，甚至聘用开发人才解决社区内的特定问题。

对开源（连同另外 3 个"open"：设计、开发和社区）的承诺是 OpenStack 成功的关键。许多目前将开发资源投入到 OpenStack 的公司并不一定想交出控制权并为其基础设施堆栈向厂商支付费用，亦或是希望在市场中展开竞争。通过使用 OpenStack，公司可以构建自己的云平台，提供包括带来有云计算解决方案的基本的基础设施即服务、创建便于用户在可扩展的存储后台存储文件的综合性对象存储云在内的一切东西。

1.2　搭建自己的云

管理系统与烘焙蛋糕有许多异曲同工之处。这其中有着大量可供选择的选项：如向朋友（合同商）支付费用让其代劳，从面包店（商业解决方案）购买预制品，购买成品（第三方厂商），等等。但是，为了能够在最大程度上获得适合自己需求的蛋糕，我们应当自己动手烘焙。不幸的是，自己动手（在本地创建）非常耗时，并且费用与买一个一样贵。

假如我们能够购买到烘焙蛋糕所需的所有预制品并且符合我们的要求，情况会怎样呢？我们将会烘焙出适合自己口味的蛋糕，但又不需要从零开始。我们所做的工作只是将所有的预制品放在一起，然后进行烘焙。这就是 OpenStack 的解决之道。OpenStack 在其开源解决方案中提供了一个功能完备的云，公司可以根据自己的需要进行扩展。在最基本的执行方面，用户只需要少量服务，并且可以添加、混合和移除组件以完全适合自己的环境。

1.3　用法

通过不断学习 OpenStack 经验，读者可从一些公司那里学习到许多常见用法。这些公司有的希望创建供研究人员使用且以计算为驱动的服务器实例，有的寻求创建一个文件属于客户的对象存储解决方案。那些发现 OpenStack 非常有用的组织包括涉足各种市场的营利性公司、政府部门、教育机构和非营利性组织。这些部署可在本地被公司内部运行的服务应用充分利用，或是直接用于为已支付相关费用的用户提供计算和其他资源。此外，还有混合云解决方案，公司可使用将本地已建成的 OpenStack 与托管解决方案混合在一起的方案。关于混合解决方案，本书在第 14 章将有更多介绍。

在进入后续几章的部署场景时，我们将详细介绍一些具体用法，通过示例展示 OpenStack 的灵活性。

1.4　关键组件

OpenStack 由一系列在 OpenStack 社区内作为社区项目开发的组件构成。以下是本书在部署中涉及的所有术语的概况。

1.4.1　实例

除存储和以裸机为重点的部署以外，读者需要熟悉 OpenStack 中的实例。实例为典型的使用底层 VM 技术的虚拟机（VM）。读者可能熟悉 KVM、QEMU、VMware 或 Hyper-V 等底层 VM 技术。在阅读到第 11 章时，该章会建议对 OpenStack 中的容器提供更大的支持力度。无论是 VM 还是容器，它们在 OpenStack 中均被称为实例。

1.4.2   队列

在进入具体的 OpenStack 项目组件之前，对服务之间的交互方式进行探讨非常重要。从根本上说，OpenStack 服务是通过每个项目所支持的一系列 API 进行交互的。早前在 OpenStack 中安装的消息队列负责处理对这些 API 的调用。所有的交互都将通过队列，因此程序是可靠且可预测的。这些交互会根据发布顺序执行，当使用量出现峰值时，它们会提供缓冲区，因此所有被发布的命令不会丢失。为了与队列系统进行交互，大多数都会直接发布请求，但需要注意的是，OpenStack 组件的小子集也会与调度守护进程一起运行。

1.4.3   仪表盘（Horizon）

Horizon 为 OpenStack 基于 Web 的仪表盘，为 OpenStack 管理员和平台用户提供了一个接口。管理员和运维人员可操控与用户、服务器、配额相关的众多设置。那些希望对仪表盘做定制的公司和运维人员可很方便地对仪表盘进行定制。随着 OpenStack 的不断发展以及每个版本不断增加新的功能，Horizon 的能力也在不断扩展。

管理员界面提供了管理用户、浏览系统信息和调整默认设置等功能（见图 1-1）。

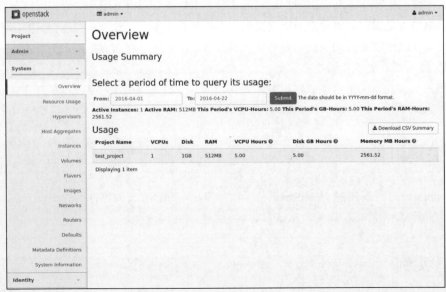

图 1-1   管理员仪表盘。该管理性的仪表盘可管理 OpenStack 用户的配置和整个系统的设置

相比之下，图 1-2 中展示的用户仪表盘为一个面向用户的界面，个人用户可以控制他们的虚拟机、网络配置和从管理员那里获得的组件。

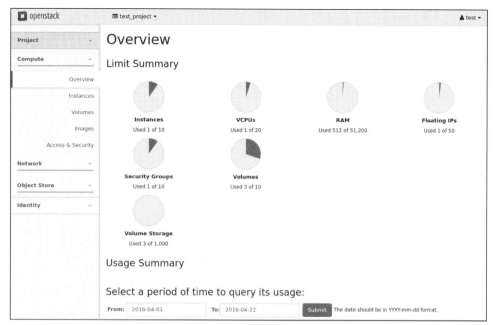

图1-2　用户仪表盘。用户仪表盘提供用于管理虚拟机和用户配置

尽管许多运维人员对于自动化控制的大型机群会选择使用命令行界面和 API，但用于管理实例的 Horizon 仪表盘页面（见图1-3）能够实现单个实例的简单、快速部署，并且不需要运维人员必须拥有深厚的 OpenStack 背景。这一特性使 Horizon 仪表盘受到了那些对小型实例部署只有简单需求的用户的关注，同时为完成各种任务提供了一个清爽的界面。

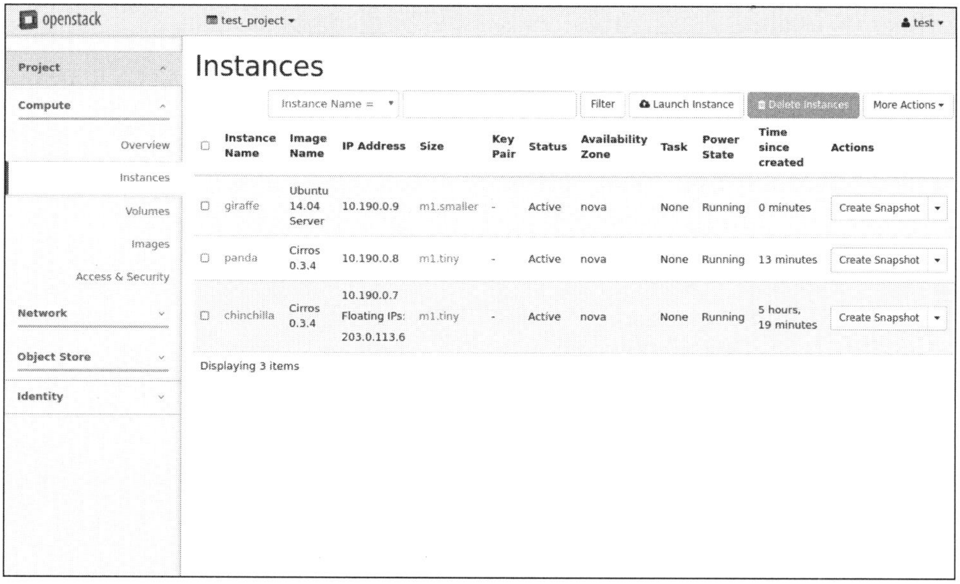

图1-3　计算实例。仪表盘提供了多种针对实例操控的简单工具

Horizon 中的另一个组件是网络界面（见图 1-4）。作为 OpenStack 网络组件，Neutron 目前因其能够为运维人员在处理网络时提供灵活性而被广泛使用。管理员可能会在网络使用方式上为用户提供较大的灵活性，包括提供简单的访问，允许实例直接访问因特网，以及允许由用户创建的一系列实例私下而不是在公共因特网上彼此交互。

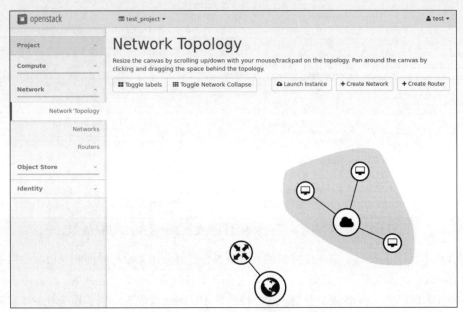

图 1-4　仪表盘中一个面向因特网的简单网络。图中显示了一个私有网络与一个公有网络相连，
实例在这里能够获得一个可路由的 IP 地址。这些网络与一个配置过的路由器连接，
路由器由一个连接两个网络的图标表示

Horizon 可提供大量工具，这使得其成为了对于管理员和运维人员都十分有价值的工具。尽管如此，需要注意的是，由于 OpenStack 本身的开发方式，命令行界面将一直比 Horizon 拥有更多的功能。此外，Horizon 中能够完成的所有工作，命令行工具也都可以完成。

1.4.4　计算（Nova）

Nova 为 OpenStack 的计算组件。Nova 不仅是 OpenStack 中最知名的项目之一，同时还是 2010 年宣布 OpenStack 为一个项目时启动的两个项目中的一个（另一个是针对对象存储的 Swift）。计算组件在 OpenStack 中负责处理计算服务器的配置和控制。正如之前所说的那样，Nova 有许多驱动，这使得它们能够与 libvirt（支持 qemu/KVM）、Xen、VMware、Hyper-V 和 Docker 等许多 VM 与容器技术对话。

这一组件由下列核心守护进程与服务组成，大部分安装都会有。

- **nova-compute**：接受来自队列的动作，旨在实例上执行通用动作，如启动和结束。

- **nova-conductor**：旨在避免 nova-compute 冒险直接访问数据库，冒险访问将导致不规则数据，这个导体控制着计算守护进程和数据库之间的交互。
- **nova-scheduler**：控制与消息队列的交互，接收来自队列中的请求，决定发送和传递哪个 Nova 计算实例。
- **nova-api**：由 Nova 运行的 API 服务，其他服务、CLI 和 Horizon 能够与 Nova 交互。
- **nova-api-metadata**：响应元数据请求并返回特定实例数据的 API 服务。

除非正在运行一个单个服务器的 OpenStack 实例（通常仅用于测试与开发），否则这些服务中的一部分将分散至不同服务器上。例如，为了提供充足的隔离性，nova-compute 守护进程应当在不同的服务器上，而不是在数据库和管理器上。随着我们对前几个部署的探索，从第 6 章开始，读者将看到关于这些服务器如何被拆分的更多示例。

如果想尝试对这些实例使用基于控制台的访问，读者可以使用下列守护进程：nova-consoleauth、nova-novncproxy、nova-spicehtml5proxy 或 nova-xvpvncproxy。基于控制台的访问是一种通过 Horizon 界面的访问形式，如图 1-5 所示。

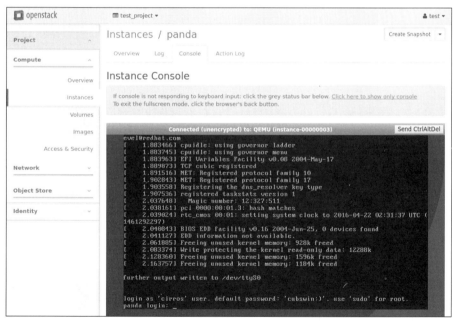

图 1-5　通过 Horizon 仪表盘的控制台访问。为了在 Horizon 仪表盘中实现控制台访问，
需要一个控制台守护进程

我们还可以通过选择 VNC 客户端获得直接的 VNC-type 访问。对于小型部署或是测试，可以使用如 libvirt Virtual Machine Manager（虚拟机管理器）这样的图形界面，如图 1-6 所示。读者应注意到该工具仅对依次连接的计算节点提供基本支持，因此在扩展基础设施时它们并非是一款强大的控制台工具。

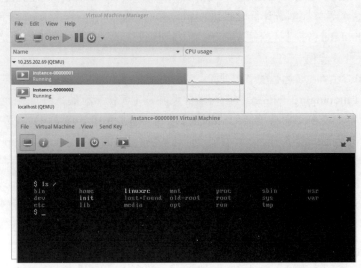

图 1-6   通过 Virtual Machine Manager 访问 OpenStack。Virtual Machine Manager
可用于访问基于 qemu/KVM 的 OpenStack 实例

1.4.5   身份（Keystone）

Keystone 为 OpenStack 的身份服务。其他服务也在使用 Keystone 确认用户身份。身份确认可通过多种机制完成，包括简单的用户名与密码或 API 密钥组合，以及由 Keystone 提供的认证令牌。完成验证后，Keystone 有一个项目、域和角色的概念，可对用户或用户组能够做哪些工作进行控制。上述功能以及它们的交互方式将在第 4 章进行进一步探讨。

如今 Keystone 改用 Web 服务器网关接口（WSGI），不再作为独立的守护进程运行。默认情况下，带有 mod_wsgi 的 Apache 将为"Keystone 服务"提供服务。

> **注意**
>
> Keystone 过去运行一个独立的守护进程，如果读者找到了 Kilo 版本之前的文档，那么可以看一下关于 Keystone 的参考。这一独立守护进程方式已经不再被支持。所有的 Keystone 部署目前都使用 WSGI。

1.4.6   网络（Neutron）

Neutron 为 OpenStack 的网络组件，为 OpenStack 云提供了多种网络选项。默认将设置一个实例直接驻留的私有网络和一个具有因特网路由功能的（或公有）网络，要让它们获得一个公共地址，需要连接实例。

这个项目在开始时作为 Nova 的一个子集，被称为 nova-network，但最终分流进入了曾被称为 Quantum 的项目中。Quantum 为早前的名称，这也就是为什么读者在第 2 章部署 DevStack 时会在一些日志名称中看到 q- 的原因。创建 Neutron 是为了支持通过一系列插件获得的各种网络配置。每个版本都增加了大量的插件，其中包括不同的网桥类型、虚拟局域网（VLAN）与子网、针对多种专有网络交换机等物理与虚拟网络工具的插件。

Neutron 需求一个守护进程处理请求，为了完成特定任务，用户需要根据自己的部署运行插件和代理。

- **neutron-server**：一个接收并通过 API 向适当的 Neutron 插件发送请求的守护进程。
- **插件与代理**：除了许多针对各种虚拟和物理交换机的厂商特定插件外，Neutron 还提供了多个用于端口、网桥和地址处理的插件与代理。

我们在进行示例部署时将涉及 Neutron 的基本配置。Neutron 非常灵活，可随着需求和环境的变化进行更为复杂的部署。

1.4.7　镜像服务（Glance）

Glance 为 OpenStack 镜像服务。镜像通常为 qcow2、ISO 或 img 文件，其中包含了用户希望在 OpenStack 实例中使用的操作系统。

- **glance-api**：这一守护进程运行着一个 API。该 API 与注册表一起用于提交镜像发现、检索和存储请求。所有来自外部的交互都通过这个 API。
- **glance-registry**：一个内部的 Glance 注册表，可执行存储、处理和检索通过 API 被加载的镜像的元数据。

我们还需要存储空间保存实际的镜像和镜像元数据的数据库。

1.4.8　块存储（Cinder）

Cinder 为 OpenStack 提供了块存储组件。块存储卷可为计算实例提供持久性基础存储，或为运行中的实例增加额外存储。

- **cinder-api**：该 API 守护进程负责接收请求并将它们传递给卷守护进程进行处理。
- **cinder-backup**：该服务负责向存储服务提供商提供卷备份。
- **cinder-scheduler**：该守护进程负责选择在哪个存储节点上创建卷。
- **cinder-volume**：利用 API 守护进程和调度器的输入，这一守护进程可与不同存储服务提供商进行交互。

Cinder 支持由插件基础设施提供的多种不同类型的存储后台，其中有开源的也有专有的。更多关于 Cinder 的工作方式以及如何通过使用它们将卷附加至实例上将在第 8 章中详述。

1.4.9　对象存储（Swift）

创建 Swift 的目的是为了管理 OpenStack 的对象存储。与直接文件和块存储相反，对象存储是为文件存储时的高可扩展性和高可用性存储机制而创建的，这些文件随后可通过 RESTful HTTP API 访问。需要注意的是，所有被加载至 Swift 上的用户创建文件都被称为对象。

- **定期程序**：为了在数据存储库上执行日常维护，Swift 会运行各种定期程序（复制器、更新器、审计器和清理器等）。
- **swift-account-server**：负责账户管理。
- **swift-container-server**：负责管理容器或文件夹的映射。
- **swift-object-server**：负责存储节点上的对象管理。
- **swift-proxy-server**：通过 API 和 HTTP 接收请求来上传对象、修改元数据和创建容器。

值得关注的是，与许多其他的 OpenStack 组件不同，Swift 可与除 Keystone 外的其他身份服务一起运行。对于所有类型的身份服务，Swift 使用的是由 Python WSGI 中间件提供的经特别调校的中间件。关于 Swift 工作方式的综合性概述将在第 9 章与一些关键概念，如用于对象索引的环系统的基本概述一起介绍。

1.4.10　遥测（Ceilometer）

Ceilometer 为 OpenStack 的遥测模块，其可提供下列功能。

- 对一组指定的 OpenStack 服务上的测量数据进行轮询。
- 通过监测通知收集测量数据和事件。
- 向特定目标发布所收集的数据，包括消息队列和传统的数据存储。

这些功能让 Ceilometer 获得了成功，不过 Ceilometer 对于用户的 OpenStack 部署并不是一个轻量级的附加物。Ceilometer 为部署带来的好处是整合了监控，用户不用在第三方报警系统中寻找这一功能。

大量的服务用于完成收集和测量等工作，除非另有规定，它们都运行在一个集中的管理服务器上。

- **ceilometer-agent-central**：一个可水平扩展的组件，用于从被追踪的各种资源中轮询统计数据。
- **ceilometer-agent-compute**：一种运行在每个计算节点上的服务，用于轮询计算节点的使用量统计数据。
- **ceilometer-agent-notification**：一种通过队列消息来生成事件和测量数据的服务。
- **ceilometer-api**：一种通过轮询方式提供数据的 API，管理员和用户可使用该 API 检查使用情况。

- **ceilometer-collector**：在汇集了来自代理和其他 OpenStack 服务的数据后，该服务将把这些数据分发至负责存储测量数据的地方。

1.4.11 裸机（Ironic）

随着机构改用 OpenStack 为对象存储阵列管理所有来自虚拟机和容器的内容，他们控制物理机器的意愿也变得清晰明了了。他们在开始时使用的是 nova-baremetal 项目，但是很快就转向了他们自己的项目 Ironic。Ironic 被作为 Bare Metal Service（裸机服务），用于配置物理机器而非虚拟机器，并提供一系列驱动。这些驱动支持如 Preboot Execution Environment（PXE）和 Intelligent Platform Management Interface（IPMI）等最常见的管理工具。

- **ironic-api**：用于处理请求以及将这些请求发送至 ironic-conductor 的 API。
- **ironic-conductor**：该服务负责完成添加、编辑和删除节点、处理功率状态（通常是与 IPMI 一起）、裸机节点的配置、部署和停用等任务。
- **ironic-python-agent**：一个运行在临时 RAM 磁盘上向 ironic-conductor 服务提供远程访问和带内硬件控制的 python 服务。

Ironic 还有一个 python-ironicclient。这是一个用于与服务交互的命令行工具。关于 Ironic 的更多内容将在第 10 章中与一个示例部署一起探讨。

1.4.12 编排（Heat）

Heat 是专门为 OpenStack 创建的编排服务。通过使用一系列基于文本的模板，Heat 可调用栈让用户运行资源集合，其中可能包括实例、网络组件和安全规则等。模板可以是 OpenStack 专用的 Heat Orchestration Template（HOT），也可以是 AWS CloudFormation Template（CFN）格式。

与其他的组件一样，Heat 由一系列守护进程和服务组成。

- **heat-api**：一个用于与 Heat 服务交互的 RESTful API。
- **heat-api-cfn**：用于支持 CFN 模板。
- **heat-engine**：提供真实编排服务的产品的核心。

如果使用的是 CFN，还有一个被严格用于与 heat-api 通信的 Heat 命令行工具。

HOT 模板的使用指南可在 http://docs.openstack.org/developer/heat/template_guide/获得。

1.4.13 容器（Magnum）

Magnum 专门为管理类似 Docker 和 Kubernetes 容器的编排而创建。与 1.4.4 节所提到的一样，有一个可以让 Nova 控制 Docker 的虚拟化驱动，但是这个驱动会像处理虚拟机一样处理容器，但是只能利用其中很少的一部分功能，而正是这些功能才让容器变得真正有价值。Magnum

试图利用 Kubernetes 或 Docker Swarm 编排工具中提供的容器功能，其中包括 bay 和 pod 结构。如果读者使用了这些容器工具，对此应该已经非常熟悉了。

关于容器和使用 Magnum 的更多内容将在第 11 章中进行介绍。

1.4.14 其他项目

在 2015 年 OpenStack Kilo 版本周期内，OpenStack 项目开始支持名为"Big Tent"的创新。开发者尝试着在 OpenStack 生态系统中纳入更多的其他项目。有了 Big Tent，在 OpenStack 命名空间中纳入项目的程序将得到简化，并且有可能成为彼此间相互竞争的技术。这一接受项目进入 OpenStack 的新解决方案已经促使 OpenStack 技术委员会批准越来越多的项目被纳入进来。由 OpenStack 技术委员会维护的完整名单参见 http://governance.openstack.org/reference/projects/。

1.5 发布周期

OpenStack 的版本每六个月，大约在每年的 4 月和 10 月发布一个（见图 1-7）。版本名称按字母顺序排序，因此近期的名称包括 Juno、Kilo、Liberty 和 Mitaka。这些名称选取的都是规划该版本发布周期的当届 OpenStack 峰会主办地附近的地名。例如，针对 Liberty 的 OpenStack 峰会在加拿大温哥华召开，而 Liberty 则为加拿大萨斯喀彻温省附近的一个村庄。Mitaka 则为东京附近的一个市。

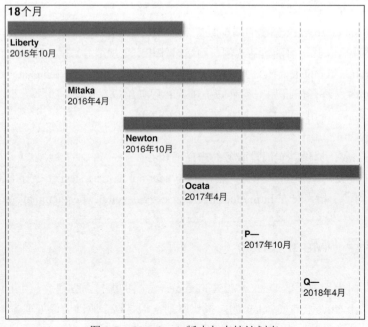

图 1-7 OpenStack 版本与支持计划表

虽然这些版本会被支持最少 18 个月的时间，但版本升级仅支持相邻版本的升级。例如，如果用户安装的是 OpenStack Kilo，那么可直接升级至 Liberty，并可从 Liberty 升级至 Mitaka。但是用户无法直接从 Kilo 升级至 Mitaka。

我们在本书中使用的 OpenStack 版本为在 2016 年 4 月发布的 Mitaka。

1.5.1　Ubuntu 长期支持

Ubuntu 社区每两年会发布一个 Ubuntu 长期支持（LTS）版本。这些版本会被支持 5 年时间，而中间的 6 个月版本仅被支持 9 个月时间。将 Ubuntu LTS 版本作为基于服务器部署的基础是一种普遍现象。我们选择使用 Ubuntu 14.04 LTS 作为本书中所有的安装基础，而非最新发布的 16.04 LTS。做出这一决定是出于以下原因。

- 尽管 16.04 默认带有 Mitaka，但是上游的 OpenStack 团队测试整个 Mitaka 开发周期时使用的是 14.04。
- 16.04 引入了对 14.04 的重大调整。尤其值得关注的是 init 系统交换机由 Upstart 变为 systemd，而我们在自己的场景中使用了一些 Upstart 脚本。
- 16.04 让我们无法展示将在后面讨论的关于 Ubuntu Cloud Archive（UCA）的使用，因为它们已经默认带有 Mitaka。在 Ubuntu 上使用 OpenStack 时，UCA 为一个重要的工具，并且当新版本出现在一个 Ubuntu LTS 版本的生命周期内，使用往往的是 UCA。
- 在准备这本书的大部分时间中，14.04 是我们和审稿人员可获得的唯一被支持的 LTS 版本。在出版时间不大幅推后的情况下，我们没有充足的时间在 16.04 上测试它们。
- 在 14.04 的生命周期中，Mitaka 仍将获得 Ubuntu 社区的支持。在 16.04 发布后，14.04 的生命周期还有 3 年，这是可以接受的。这使得 14.04 成为了我们场景的一个中意之选。

我们不并推荐参照本书使用 Ubuntu 16.04。如果读者希望尝试一下，应当确保自己已充分了解 Puppet，以便能够进行必要的调整。第 2 章中的 DevStack 安装和第 4 章中的手动安装也需要进行一些调整，而这些调整在编写本书之时还没有被文档化。

1.5.2　Ubuntu Cloud Archive

除了重大的漏洞修补或安全缺陷外，Ubuntu 版本中的许多软件都是针对某一特定版本的。由于项目的基础设施属性、开发进度以及对更新版本的期望，Ubuntu 服务器团队在 Ubuntu LTS 版本中保留了一个用于支持 OpenStack 的特殊 Archive，即 Ubuntu Cloud Archive。

每个 Ubuntu LTS 版本都附带有一个 OpenStack 版本，因此 Ubuntu 14.04 包含了 OpenStack Icehouse。Icehouse 为 2015 年两个被命名的版本中的第一个，正好在 Ubuntu 14.04 之前发布。

云归档用于支持那些未被包含在 Ubuntu LTS 版本中的 OpenStack 版本。只有当包含在 LTS 版本中的 OpenStack 版本不再是当前的稳定版本，它们才会被激活。例如，在 2014 年 10 月新的 OpenStack 版本发布之后，针对 14.04 的 Ubuntu Cloud Archive 不久就被激活了。用户目前能够使用这一 Archive 安装或升级至 OpenStack 的下一个版本 Juno，以及后来的 Kilo、Liberty 和 Mitaka。虽然 14.04 的 Ubuntu Cloud Archive 将继续支持 Mitaka，但是这种支持是默认提供的，不需要 16.04 版本中的 Archive。

它们的目标是让那些不是经由 Ubuntu Cloud Archive 获得的 OpenStack 版本得到 5 年的支持，让那些由 Ubuntu Cloud Archive 提供的所有 OpenStack 版本被支持 18 个月。关于目前版本的细节参见图 1-8。

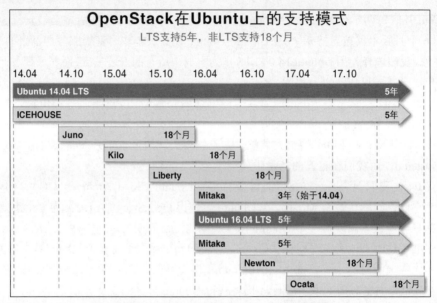

图 1-8　Ubuntu Cloud Archive 支持计划表

1.5.3　Puppet 模块

与我们选择使用 Ubuntu 作为操作系统一样，我们已经决定使用 Puppet 作为配置管理系统。为创建工作系统，Puppet 使用了一系列模块。在 OpenStack Puppet 模块当中，包括 Nova、Neutron 和 Keystone 在内，每个 OpenStack 的成熟组件都有一个模块。这些模块让用户能够在配置管理系统内为这些服务当中的每一个都定义首选项，使用户在部署服务器时能够将配置保存在一个集中位置。

与 OpenStack 的许多版本一样，OpenStack 的官方 Puppet 模块由来自不同机构的贡献者组成的团队维护。许多贡献者针对自己的部署在本地使用这些模块。正因如此，它们已经经过了生产级加载和各种复杂的测试。用于开发的基础设施也提供了不同程度的单元与集成测试，以确保不会有导致部署中断的提交。

针对任何指定版本的 Puppet 模块通常都会在该 OpenStack 版本发布之后不久发布。这使得团队能够完成更多的测试，确认一切都能够与新的稳定版本一起工作。

　　在第 5 章中，读者将学到关于 Puppet 如何被应用至我们部署场景当中的更多细节。尽管我们的部署场景非常的基础，但是关键组件和 Puppet 使用可以被扩展至生产级部署当中。在附录 C 中可以学习到关于这一决策的更多知识。

1.6　小结

　　我们刚刚完成了关于 OpenStack 关键组件的简介。在开始之初，不太可能会记住所有这些服务的名称。因此，读者可以回顾之前的内容，记住为各个组件提供支持的关键守护进程、插件、代理和其他组件。在后面几章中，我们将对其中的许多东西进行更深层次的探讨。

　　OpenStack 是由众多项目组成并且在不断扩大的生态系统，因此读者还应熟悉由 OpenStack 管理的所有项目的定位，并且能对其他的一些项目展开探索。最后，我们介绍了 Ubuntu 的 LTS 版本通过 Ubuntu Cloud Archive 对 OpenStack 各版本提供支持的模式。

第一部分　初次部署

为了有一个良好开端，接下来的两章将从一些快速的简单示范部署开始。这些示范部署将让读者对 OpenStack 和它们的一些功能有一个认知。尽管如此，这并不意味着这些示范部署适合生产使用。

第 2 章

DevStack

> 品质从来靠的就不是偶然机遇，唯有勤奋才能打造卓越品质。
>
> ——约翰·拉斯金[①]

OpenStack 项目通过名为 DevStack 的工具帮助开发者运行 OpenStack 开发版来测试他们的补丁。在本章中，我们将探讨 OpenStack 新手如何使用 DevStack 探索一些基本的概念，以及如何让 OpenStack 在单独的机器上运行。

2.1 DevStack 是什么

我们在 http://docs.openstack.org/developer/devstack/ 上发现，DevStack 已开始作为独立项目为开发者提供 OpenStack 最新开发版的单机安装。该项目的核心是名为 stack.sh 的 shell 脚本，其可通过一系列参数在主机系统上定义基本的 OpenStack 环境。这一脚本已经在一定程度上实现了自文档化，可提供各种用于非默认配置和服务的选项。

经过多年的发展，它们已经成为了 OpenStack 项目开发工作流程与基础设施的重要部分。这一项目正用于培训管理员，让他们掌握 OpenStack 的基本知识，同时这一项目在 OpenStack 每个修改的持续集成测试中，已经成为不可或缺的部分。

虽然 DevStack 是 OpenStack 的单机安装程序，但这并不意味着 DevStack 适合生产使用。除了默认部署的 OpenStack 开发版外，它们没有可维护性，同时它们还打破了服务区分的最佳实践（如在第 1 章中讨论的 nova-compute 和 nova-conductor）。

[①] 约翰·拉斯金（John Ruskin），英国著名文艺理论家和社会评论家，长期从事艺术评论和艺术史研究，工艺美术运动的理论倡导者。——译者注

> **小心**
> 不要在任何重要的或用于生产的机器上运行 DevStack。该脚本会对软件库、网络安装等进行改动，这会导致系统处于需要持续维护的不佳状态。
> 相反，应使用日后可以重新安装的虚拟机（VM）或空闲系统。

2.1.1 开发者用途

DevStack 由开发者创建，开发者的使用是其最常见的用途之一。OpenStack 项目的开发者偏爱 DevStack，因为虽然它们并不提供真实的 OpenStack 部署，但可让开发者快速建立起一个开发框架，测试他们的补丁。为了让开发者能够测试修改对升级的影响，以及为老版本编写安全补丁和为修复重大漏洞提供帮助，DevStack 还提供了一个版本运行其所支持的 OpenStack 版本。

通常，使用 DevStack 的开发者会有一个专门用于快速部署这些测试环境的系统，以便能够运行自己的测试。许多开发者还为他们选择的操作系统保存了一些存储库的本地镜像，以便 DevStack 安装运行得更快些。

2.1.2 培训用途

一些培训项目选择使用 DevStack 作为培训工具以让学生快速掌握 OpenStack。它们的目标是为了尽可能快地让学生从 Linux 基础安装过渡至运行 OpenStack。这样一来，他们就有机会与那些运行着 OpenStack 部署所需基础的在用系统协作。

一旦从 DevStack 安装中学到一些 OpenStack 的基础知识，读者就会对这些东西的工作方式充满信心。这时，读者能够更为深入地探索 OpenStack 如何以可维护方式部署在生产环境当中。

2.1.3 持续集成用途

DevStack 为 OpenStack 项目内部中持续集成系统的组成部分。项目会在开发当中为测试 OpenStack 修改准备基于 DevStack 的镜像，并且每天会在数以百计的系统中部署这些镜像进行测试。正因如此，DevStack 用于从整合测试到使用 Grenade 测试工具进行升级测试的所有环节当中。

对 OpenStack 的所有修改在被并入之前必须通过持续集成系统中的所有修改。这样，被 DevStack 拉入的开发代码已自动经过了默认 DevStack 环境的测试。目前，OpenStack 生态系统中的多家公司已将 DevStack 作为他们质量保证系统中的一部分。

2.2 DevStack 需求

要启用 DevStack，需要一个至少 4 GB RAM 的虚拟机（VM）或是空闲系统，需要注意的是，在 6~8 GB RAM 的环境下 DevStack 会运行得更好。为了获得最佳性能，还需要使用支持硬件虚拟化的 64 位 CPU。

对于基础操作系统，有几个选项，如 Ubuntu LTS、Fedora 和 RHEL/CentOS 目前都支持 DevStack，几个其他的发行版也为特定的版本提供支持。

最后，如果读者正在使用虚拟机并希望使用本章后面介绍的基于 Web 的 Horizon 仪表盘，那么需要安装所选基础操作系统的 Desktop 版本，或是为机器提供 80 端口的访问权，这样可以在本地主机上使用 Web 浏览器，或是安装带有桥接界面的服务器版本，让服务器能够从外部访问。如果正在使用物理硬件，那么需要确保系统能够通过网络访问。

2.3 部署 DevStack

现在，有了运行 DevStack 的所需资源，我们还需要进行一些配置。

DevStack 被设计为 "开箱即运行"，不需要对配置进行修改，只需要一连串简单的命令，不过这需要花上一点时间。

```
$ sudo apt-get install git
$ git clone https://git.openstack.org/openstack-dev/devstack .git
$ cd devstack
$ ./stack.sh
```

前面的几个步骤会要求输入每个组件的密码。我们要记住自己输入的这些密码。一旦设置了密码，在修改软件源和网络时需要花上一点时间。随后，它们会下载必需的东西以及在 DevStack 中使用的 OpenStack 组件的最新开发版本。在开始要求输入服务密码时，脚本会暂停运行（关于如何通过这些变量使用 local.conf 文件的小技巧，参见 2.4.2 节）。

在执行默认安装时，DevStack 项目会提供一个 stack.sh 脚本的详细说明以供阅读。读者可以在本地的 devstack 目录中阅读它们或是访问 http://docs.openstack.org/developer/devstack/stack.sh.html 在线阅读。

常见故障

如果权限不正确，那么在运行 DevStack 时将会出现一些问题，以下是一些小技巧。

- 在运行上面列出的任何命令之前不要使用根或 sudo。
- 在不将这些命令作为 root 或 sudo 运行的同时，与我们一起运行 stack.sh 的用户必须让 sudo 能够被访问，最好不要设置密码。

- 在运行 stack.sh 时，确认 devstack/目录属于与我们一起运行 stack.sh 的用户所有。
- 如果我们希望创建一个专门用于运行 DevStack 的"栈"用户，那么可使用附带有 DevStack 的 tools/create-stack-user.sh 脚本。这一脚本需要与 sudo 一起运行，并且 sudo 要来自具有 sudo 访问权限的账户。

网络是导致许多故障的根本原因，以下是一些最常见的问题。

- 本地网络与 DevStack 内部网络（10.0.0.1/24）的默认设置存在冲突。
- 虚拟机或物理系统无法访问因特网。因特网访问需要运行 stack.sh。这一问题可以表现为名称解析错误、到操作系统资源库超时等任何问题。

DevStack 时常会崩溃。正如之前介绍的那样，DevStack 运行的是 OpenStack 的开发版本。尽管在代码被并入之前会进行大量的测试，但是还是会有 DevStack 不允许部署的时候。如果读者正在尝试运行纯净的 DevStack，那么可以阅读本章后面的内容，那部分内容将会详细探讨 DevStack 的"稳定性"。

一旦成功完成安装，在返回至命令提示符之前，应当在结束时出现以下内容：

```
=========================
DevStack Components Timed
=========================

run_process - 46 secs
apt-get-update - 12 secs
pip_install - 377 secs
restart_apache_server - 9 secs
wait_for_service - 13 secs
git_timed - 248 secs
apt-get - 258 secs


This is your host IP address: 192.168.122.216
This is your host IPv6 address: ::1
Horizon is now available at http://192.168.122.216/dashboard
Keystone is serving at http://192.168.122.216:5000/
The default users are: admin and demo
The password: 12345
2016-04-20 21:51:40.175 | stack.sh completed in 1466 seconds.
```

第一个链接是 OpenStack 基于 Web 的仪表盘 Horizon。这是一个非常有价值的起始点，因为它们通过用户和管理员登录提供了一个关于部署的图形化缩略图。

第二个链接是 Keystone 的 API 端点。任何需要通过 API 操控 OpenStack 的行为都需要经过该服务的验证，如 Nova、计算和命令行客户端。在执行针对 DevStack 的命令时，通常需要加入一个环境变量或配置文件。

> **警告**
>
> 是否要重启？由于 DevStack 并非针对持久性安装而设计，因此当启动备份时，它们并不会自动恢复原来的部署。
>
> 读者需要再次运行 ./unstack.sh 和 ./stack.sh 创建新的 DevStack 环境。遗憾的是，读者需要重新开始一次新的安装，因为包括原来的实例和卷等都不会被保留下来。

2.3.1 仪表盘：作为用户登录

我们将从 Horizon 界面开始，导航至之前给定的 URL，并作为普遍用户登录。默认情况下，可以通过"demo"用户进行登录，密码为安装时设置的密码。登录后，呈现在面前的是一个用户视角的仪表盘（见图 2-1）。

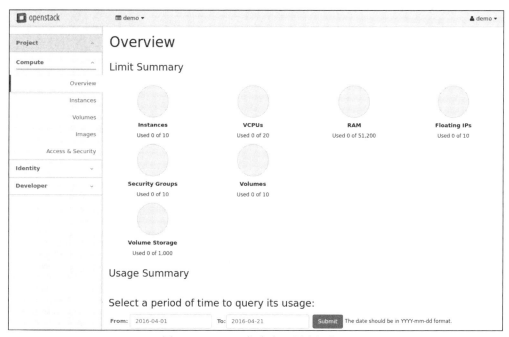

图 2-1　Horizon 仪表盘（用户视角）

> **提示**
>
> 在加载 Horizon 登录界面遇到了问题？首次启动时 Horizon 登录界面加载通常都很慢，因此可以等待几秒并重新尝试一下。

作为用户，我们可以摸索一下界面提供的选项。作为首个任务，我们需要尝试建立一个实例。

首先需要设置用户证书，证书将被加载至我们的实例上。为了完成这一工作，我们可以选择菜单左边 Compute 中的 Access & Security 选项。首先映入眼帘的是 Security Groups 界面。这个界面可以控制端口在实例中的访问与被访问权限。如果选择 Key Pairs 标签，如图 2-2 所示。在这个界面上，我们可以上传已在系统中使用的现有公共 SSH 密钥，或是创建一个密钥对。如果选择通过该界面创建一个密钥对，那么它们将下载相关的.pem 文件。一旦启动，我们就需要使用自己的 SSH 客户端登录实例。

图 2-2　Horizon 仪表盘（Key Pairs）

　　下一步是通过 Horizon 仪表盘创建我们的首个实例。通过选择左边菜单中的 Instances 并单击 Launch Instance 按钮可完成这一工作。这将会跳一个对话，如图 2-3 所示。在这里，我们需要浏览并提交首个实例所需要的全部信息。

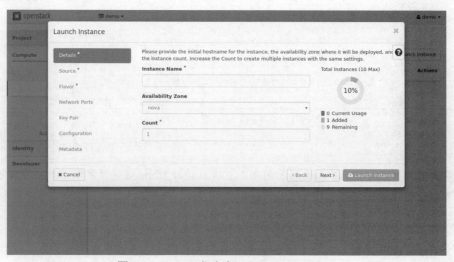

图 2-3　Horizon 仪表盘（Launch Instance）

在 Details 界面中，对话选项包括下列内容。

- **Instance Name**（实例名称）：在 OpenStack 中是指实例的名称，可用于以后查阅 Horizon 界面中的实例。需要注意的是，这些实例的名称不必具有唯一性，因此如果希望访问某个实例，可以先通过 UUID 查阅它们。在此演示中，读者可以使用自己喜欢的任意名称。

- **Availability Zone**（可用性区域）：由于这是一个 DevStack 安装，默认 nova 为唯一可用的 Availability Zone（AZ）。如果使用的是公有 OpenStack 云或是一个分布式云，那么将会有更多的选项。

- **Count**（数量）：定义希望启动实例的数量。目前，我们只想启动一个实例。

完成这些内容的填写后，单击 Next 进入 Source 界面。

- **Instance Boot Source**（实例引导源）：这个源很灵活，读者可使用已经上传至 OpenStack 的被预先定义的镜像、现有卷或快照，或是上传自己的镜像。根据所选的选项，对话将会发生变化，以对引导源进行进一步描述。

  （1）在 Select Boot Source（选择引导源）下拉菜单中，Image 应当已被选上。如果没有，请选择它。

  （2）DevStack 带有一个以云为重点的非常基础的 Linux 镜像 CirrOS。单击对话中位于 Available 右边的加号，将其移至 Allocated。

再次单击 Next 选择 Flavor。Flavor 会对 CPU 数量、RAM 大小和硬盘空间等分配给实例的资源进行描述。与 Source 界面一样，单击位于自己想选择的 flavor 右边的加号。如果倾向于在使用 DevStack 时要有资源限制，通常选择 m1.nano。

由于我们已经设置了自己的 SSH 密钥，因此现在我们需要单击菜单左边的 Key Pair。与之前的两个界面一样，我们将会看到自己之前创建的密钥，并可单击加号将其添加至 Allocated。完成这一操作后，我们现在可以单击 Launch Instance 按钮。

实例的构建状态将被显示在 Horizon 中。它们将会与 CirrOS 一起快速启动。不久我们会看到一个分配的本地 IP。通过自己创建的或是正在使用的 SSH 密钥，我们可以 SSH 至其中。在默认的网络配置下，这只是一个本地 IP。我们需要从 DevStack 主机 ssh，例如：

```
$ ssh -i .ssh/elizabeth.pem cirros@10.0.0.2
The authenticity of host '10.0.0.2 (10.0.0.2)' can't be established.
RSA key fingerprint is 4e:51:73:48:0f:5d:e5:20:80:11:17:e3:b3:44:75:e6.
Are you sure you want to continue connecting (yes/no)? yes
Warning: Permanently added '10.0.0.2' (RSA) to the list of known hosts.
$
```

单个 $ 标识表示我们正在 CirrOS 镜像上。可以通过以下方式进行确认：

```
$ cat /etc/cirros/version
0.3.4
```

如果之前没有设置 SSH 密钥或是密钥出现了问题，我们仍可以通过密码"cubswin:)"登录：

```
$ ssh cirros@10.0.0.2
cirros@10.0.0.3's password:
$
```

如果想对实例进行探索，需要注意这是一个极为简单的 Linux 安装。它们能做的工作并不多。我们可以随时注销它们。

现在，返回至 Horizon 界面。如果重新导航至左边菜单中的 Overview，我们将会在摘要视图中看到新建的实例。

提示

　　通过 Horizon 界面修改实例对于学习相关知识和展开小规模部署的公司来说非常重要。不过 OpenStack 的强大实际上源自 API 和基于命令行界面（CLI）的工具。我们将在第 4 章中首次探讨使用 OpenStack CLI 利用命令行对实例进行操控。

2.3.2 仪表盘：作为管理员登录

现在我们已经知道了 Horizon 仪表盘中用户界面的样子。下面我们将继续探索一下 Horizon 仪表盘的管理员界面。使用相同的 URL 进行登录，就像使用"demo"账户一样。不过，这次我们将使用运行 stack.sh 时设置的管理员密码以管理员身份进行登录。我们将进入到图 2-4 所示的界面。

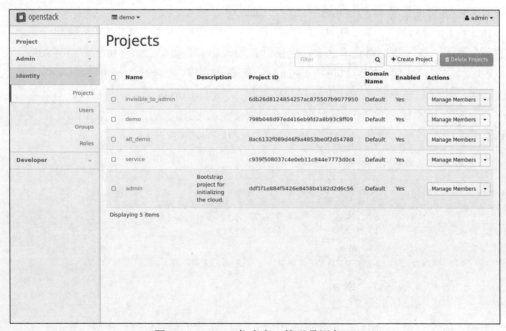

图 2-4　Horizon 仪表盘（管理员视角）

在这个 Horizon 视图中，我们将会看到一个 Identity Projects（身份验证项目）界面。我们在菜单中还会看到一个 Admin 选项，这个选项可让我们浏览并调整 DevStack 安装。

> **提示**
>
> 默认的 OpenStack 管理员界面已经进行了调整。读者可以在 Project 界面结束操作，就像使用 demo 用户一样。读者可通过单击左边菜单中的 Identity 和 Projects 选项导航至我们所展示的默认界面。

菜单中有两个部分会涉及 System 和 Identity。下面是我们将在 System Panel（系统面板）中遇到的关键选项的示例。

- **Instances**（实例）：查看系统中各个用户正在运行的所有实例。我们可以通过这个界面对它们进行编辑和操控。
- **Flavors**（模板）：可以修改所提供的 flavor 以满足自己的操作需求，并且可以删除或增加新的 flavor。
- **System Information**（系统信息）：能够看到一些有关 DevStack 实例目前正在启用哪些东西的概览。

下面将探索一下 Identity Panel（身份验证面板）。

- **Projects**（项目）：OpenStack 云中的一个组织单元，可以通过不同权限在用户之间共享。默认情况下，每名用户都有一个单独的项目，并且只有他们属于这个项目。
- **Users**（用户）：允许我们操控系统中的用户。需要注意的是其中的部分用户为系统用户（例如控制 Glance 和 Nova 的用户）和 OpenStack 操作所需要的用户。这些系统用户不应被删除。此外，还应当注意，在运行 DevStack 时应当慎重修改密码，因为其中一些密码在配置文件中为硬编码。
- **Groups**（群组）：一个用户集合，由被分配至特定项目或域中的用户组成。
- **Roles**（角色）：一系列明确定义的许可行为，我们可将其赋予特定项目或域。

我们将在第 6 章学到更多关于使用 Horizon 的知识。

2.3.3　命令行上使用主机

现在我们已经研究了一些界面，我们可以在命令行上连接窗口会话，开始对一些特定程序的探索。这些程序被运行在以守护进程模式运行的前台当中。

要连接窗口，我们可以发布标准的窗口重连命令：

```
screen -r
```

最初的屏幕会话应当如图 2-5 所示。

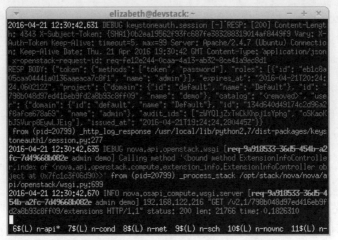

图 2-5　DevStack 窗口会话中的 nova-api 窗口

由于 DevStack 默认不会创建一个日志文件，关于运行服务的所有信息会被分散至一个窗口程序内的众多子窗口中。一个名为 n-api 窗口可以显示来自 nova-api 守护进程的输出信息。读者可以浏览在 Horizon 仪表盘中所进行的调用。

窗口导航

DevStack 通过一个窗口工具管理前台运行的守护进程。下列命令可以帮助我们导航窗口会话，以便我们可以与守护进程交互并查看它们正在干什么。

连接至正在运行的窗口会话：

`screen -r`

一旦进入窗口会话，下列组合键就可提供一个所有正在运行的子窗口的列表：

`Ctrl + a + "`

我们可通过上下箭头切换窗口。如果想进入一个特定的窗口并且知道该窗口的编号，可使用下列组合键：

`Ctrl + a + '`

这时会弹出一个提示符，我们可输入想前往窗口的编号。

如果只是想浏览一下所有窗口正在显示什么，可使用下列组合键逐一对它们进行切换。

`Ctrl + a + n`
`Ctrl + a + p`

这些组合键将分别带领我们进入后续的和之前的窗口。

最后，为了断开这些窗口会话并返回到终端，可使用下列组合键：

`Ctrl + a + d`

现在知道了系统上正在运行什么，我们可以开始使用 OpenStack 命令行客户端执行启动实

例，查看实例状态等操作。首先需要通过在 devstack 目录中导入 openrc 文件加载证书。下面是让读者起步的一些简单命令：

```
$ source ~/devstack/openrc
$ openstack flavor list
$ openstack server list --all-projects
```

在后面几章，读者可以学到更多关于 OpenStack 客户端命令的内容。附录 E 会提供一些基本的参考。

2.4　DevStack 选项

本章前一节介绍了在没有任何定制的情况下启动 DevStack。尽管如此，为了对 OpenStack 开发版的各个方面进行测试，我们还是推荐进行定制。

2.4.1　"稳定的" DevStack

DevStack 中一个鲜为人知的功能是利用 DevStack 脚本启动 OpenStack 的稳定版。在测试升级方面，这是一个被开发者和 OpenStack 持续集成栈重度使用的功能。与使用开发版相比，它们还可以帮助新手更好地了解 OpenStack 的特定发行版本。如果无法从正在运行的主机那里获得 DevStack 版本，那么使用这一版本对于开启 OpenStack 之旅也是有价值的。

> **小心**
>
> 尽管安装了一个 OpenStack 的稳定版本，但它们仍然没有可维护性，同时也不是一种在生产环境中运行 OpenStack 的推荐方式。读者应当继续使用虚拟机或者以后可重新安装的空闲系统，并针对维护生产系统学习正确分离的高可用性程序。

使用 DevStack 运行 OpenStack 稳定版的程序与我们之前提到的 3 个步骤有稍许不同，增加了一个切换至在克隆 Git 存储库受支持的稳定分支的步骤。

```
$ git clone git://git.openstack.org/openstack-dev/devstack.git
$ cd devstack
$ git checkout stable/mitaka
$ ./stack.sh
```

> **提示**
>
> 希望列出 DevStack 中可选的稳定分支？在 devstack 目录中，输入：
>
> git branch -a
>
> OpenStack 发行版是按字母顺序排序的，因此在分支列表中排在最后的版本就是最新的稳定发行版。

与运行标准的 DevStack 一样,在下载相关内容和设置环境方面需要花上一些时间。它们将从所请求的稳定环境中拉入,而不是从开发版本中。

本章前面关于作为用户和管理员登录的演示也可以使用这个稳定版本。不过,我们会使用已经发布的版本。

2.4.2　定制 DevStack

为了让 DevStack 环境能够完成从 pre-seed 密码、网络到提供额外服务等所有工作,可以进行大量的定制。

> **提示**
>
> 如果想进行定制,我们推荐不要使用 DevStack 的稳定分支。开发版本一直会增加新的选项,积极进行维护与测试。在这方面,稳定版本则不太可能会被更新。

在这里需要对主 devstack 目录中的 local.conf 文件进行修改。我们可以在 samples/local.conf 中找到一个示例配置文件。

我们推荐读者至少编写一个与自己环境相匹配的 local.conf,将脚本设置为非交互。这包括为管理员用户以及数据库、队列服务器和网络配置等服务设置一个默认密码。

读者可以通过阅读自己使用的 DevStack 版本的文档学习更多关于最少配置的知识。这些版本文档存储在源代码 doc/source 目录下的 configuration.rst 中。最新的开发版本可通过访问 http://docs.openstack.org/developer/devstack/configuration.html#minimal-configuration 在线获取。

除这些基本的环境变量外,还有几个需要关注的。

- 修改 DevStack 目录:

  ```
  DEST=/opt/stack (default, change this to what you wish to use)
  ```

- 启用日志:

  ```
  LOGFILE=$DEST/logs/stack.sh.log
  ```

我们可以控制日志的存储天数(默认为 7 天),并设置日志的存储位置(是自己的日志还是统一的系统日志)。

支持其他服务是我们在定制 DevStack 时能够做的最具影响力的事情之一。通过在这一开发环境中支持其他服务,可以测试一些最新功能,或是部署 DevStack。这一 DevStack 拥有与未来可能部署相似的组件。例如,如果希望将重点放在存储上,那么可以使用 OpenStack 的对象存储组件 Swift。对额外服务的支持通常是通过定义 local.conf 文件中的变量实现的。由于新服务进入至 OpenStack 生态圈中,DevStack 中被支持的服务会例行性地在开发版本中发生变化。除之前提及的文档外,要学习更多关于可用服务和默认服务是如何工作的,以及它们是如何在 DevStack 中被调用的知识,可以浏览 DevStack 源的 lib/目录中的文件。除了输出和部署它们所需的功能外，这些库中包含有大量带有注释的文档。

后面在以更具可维护性的方式安装 OpenStack 时，如果读者喜欢，可以创建一个使用多个主机的 DevStack 安装。尽管如此，它们获得的支持非常少，并且 DevStack 开发者警告称，仅测试了一些非常基本的配置。

与之前所说的一样，读者可以通过学习已被大量评论过的 stack.sh 脚本来展开更多的定制。这些定制可通过环境变量进行，也可在 local.conf 脚本中进行。

2.5　小结

我们目前已经介绍了关于 DevStack 的一些最基本的使用，帮助读者开始了一个 OpenStack 的真实且非生产性的安装。通过这些，读者能够逐步熟悉前台程序的界面和基本导航，了解一些服务的内部情况。我们评估了一些让 DevStack 用于运行 OpenStack 稳定版本的方法，以及启用一些不是默认启用的 OpenStack 服务的方法。

第 3 章

网络

> 如果说这个星球上真有魔法存在的话，那一定存在于水中。
>
> ——洛伦·艾斯利[①]

在我们开始进入部署场景前，先讨论一下网络非常重要。在配置 OpenStack 时，网络是一个主要考虑的因素。它们将影响读者对硬件和环境的选择，并将很自然地在读者的选择和本书的部署场景中发挥重要作用。

OpenStack 中的网络也是一个非常复杂的话题。它们一直在困扰着系统和网络管理员，以及那些正在部署 OpenStack 的人。此外，读者所处环境中的物理网络和设备，如数据中心，将决定读者利用 OpenStack 支持的网络工具做哪些工作。

3.1 关键概念

对于 OpenStack 的网络，我们首先需要知道的是，它们没有一个标准的部署。公司的需求、工作环境以及使用的硬件非常的广泛。本章中的概念具有普遍性，但并非所有的部署都将遵循相同的规则。我们的目标是让读者了解在部署 OpenStack 时可能会遇到的情况，因而能够有一个出发点，从而理解它们是如何工作的。

3.1.1 操作的分层

这对于使用相同的通用网络术语来考虑贯穿 OpenStack 环境的信息流非常有用。尤其是，

[①] 洛伦·艾斯利（Loren Eiseley），美国人类学家、博物学家、科学史学家，著名的科学散文作家，曾长期担任宾夕法尼亚大学人类学系主任。——译者注

网络工程已经将信息流概念化，认为它们发生在管理、控制或数据层上。OpenStack 也有类似的网络类型分类，但是这些网络有时候又是相互结合的。简单起见，我们的部署场景将使用一个单独的私有网络，专门用于控制、管理和数据流量。不过，我们仍然会对它们逐一进行解释。

1. 管理层

管理员需要一个维护、更新和询问服务器与网络单元的方法。这需要在管理层上完成。

OpenStack 还有一个管理网络的概念。它们是 OpenStack 部署中的多个私有网络之中的一个。管理员通过它们登录至机器，从而完成系统管理员的任务。这个网络还可用于监控。拆分出这个网络是为了防止系统管理和系统访问监控受到部署中其他地方的流量影响，如 API 和计算实例流量的激增。

在本书的部署场景中，考虑到软件包、Puppet 模块和场景所需资源的安装，我们会让受到防火墙保护的 OpenStack 节点访问因特网。在生产中部署 OpenStack 可能也需要这么做。不过，在更为安全的环境中，对所有安装资源的访问将被限制在本地网络。在这种安全环境中，可能要在本地管理网络上托管一个本地分发的软件包镜像、配置管理仓库、网上重启或系统安装服务器。这么做可让用户在将本地镜像中的软件包和其他资源投入生产之前，分阶段地彻底测试这些软件包和资源的所有修改。

2. 控制层

在网络术语中，控制层承载着网络单元之间的信令流。

在 OpenStack 中，用户可能会考虑使用非常相似的控制网络。用于服务间交互的消息队列以及所有与服务交互有关的流量都将存在于这个网络。作为专用管理网络的替代，它们通常用于管理流量，并作为控制流量分享相同的私有网络。

3. 数据层

最后，还有一个数据层。所有流向用户和客户的真实网络负载将在这里运行。在 OpenStack 中，用户可以将这里视为提供如访问 Swift 对象存储中的文件等实例流量和公共服务的地方。

3.1.2　提供商网络

提供商网络只是为 OpenStack 提供一个网络的逻辑表现。它们不必与之前提到的网络在类型上有所不同，但是它们不同于 OpenStack 之外的来源提供的网络，因此才被这么标记。这个来源可能是交换机或是其他的网络硬件，也可能是控制用户所连接网络的软件。提供商网络可以映射到物理网络，这个网络可以是数据中心内具有路由功能的网络，也可以是接入因特网的网络。它们通常都有多个提供商网络。由于提供商网络是从外部提供，因此在 OpenStack 中配置它们只是简单地通知 Neutron 基本的数据中心网络拓扑。这样一来，它们就能够将这些信息用于计算实例。

3.1.3 租户网络

一个 OpenStack 部署通常会有一系列运行在数据层顶上的租户网络。每个实例会连接至一个或多个租户网络。在租户网络中,它们将获得本地 IP 地址,这些地址在实例中能够查看到。默认情况下,这些地址仅用于同一租户网络中实例间的本地路由,并且针对的是特定服务,如用于分配这些地址的 DHCP 服务器以及将流量传递给外部提供商网络的路由器。

在实例的租户网络中,许多事情会变得很复杂。租户网络上的流量需要在实例间适当地转发。而用户通常希望有某种程度的隔离。在许多部署中都会允许重叠的子网作为内部网络使用。OpenStack Neutron 为处理租户网络中的流量提供了 3 种选项,即平面网络、虚拟局域网(VLAN)和隧道化。

1. 平面网络

在平面网络中,大家都共享相同的网段。没有网络隔离,也没有任何类型的标签。这意味着,租户能够看到来自其他租户和控制器的流量。此外,地址空间不能重叠。这导致灵活性出现了下降。如果实例由不同方控制,那么情况会很不理想。通常并不建议使用平面网络,除非充分理解所有的含义和限制。不过,在由单一团队控制的小型企业环境中,以及外部硬件资源被广泛使用时,这种选项是合理的。

2. 分段网络

在介绍了平面网络后,我们将重点介绍用于处理流量的另外两个选项:VLAN 和隧道技术。这两个场景都提供了隔离。这也意味着租户能够在网络子网范围内重叠,在互不冲突的情况下使用相同的本地 IP 地址。无论选择使用哪一个,它们都将通过带有 Open vSwitch(OVS)的 Modular Layer 2(ML2)插件或是 Linux Bridge 执行的。

在本书中,我们将使用 OVS 模式。与 Linux Bridging 相比,OVS 通常更容易使用且更为灵活。Neutron 会在 OVS 中创建网桥和内部 VLAN。这些被创建的内部 VLAN 对于节点来说完全是本地的,并且使用的 VLAN 编号不同于外部的 ID(如在节点外的 VLAN)。即便不使用外部的 VLAN,假如部署的是基于 VLAN 的拓扑,这些内部 VLAN 也是存在的。

(1)VLAN。在 VLAN 网络中,每名租户都被分配至一个 VLAN。为了支持这一环境,用户必须在基础设施中有硬件交换机。这个基础设施要支持针对每个租户网络的 VLAN。通常通过交换机附带的工具进行设置,如果支持的话,还可通过允许 OpenStack 使用的来自厂商的插件进行设置。这在已经使用 VLAN 的数据中心中非常有用。如果用户还有存储设备等其他的硬件并且希望包含在 VLAN 中,那么这也是非常有用的。用户还可以利用外部防火墙和路由器灵活处理这些租户流量。

(2)隧道技术。在隧道驱动的网络中,流量封装用于提供隔离性。最常见的封装协议是通用路由封装(GRE)和虚拟扩展局域网(VXLAN)。GRE 和 VXLAN 非常相似,但是 VXLAN

在云部署中更为常用，因为它们具有更高的灵活性和效率。通过使用 Neutron 和 OVS，用户环境中的 OpenStack 节点之间将会建立起一个隧道网。由于流量沿着这些隧道发送，以太网框架将被封装在一个新的 IP 分组（packet，也称包或数据包）中。这些分组将被路由至目标节点。随后这个分组将被打开，并被传递至（在计算节点上运行的）适当实例、控制程序（如运行在控制节点上的 DHCP）或是被路由至租户网络之外（通过控制器节点上的虚拟路由器或是物理路由器）。图 3-1 所示为来自实例的分组的示例。

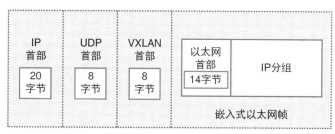

图 3-1 通过 VXLAN 封装的实例流量分组

尽管流量承载在物理网络上，但是由于它们经过了封装，因此从数据中心硬件角度看，这些特定的租户网络流量没有可见性。它们看起来仅仅是两个 OpenStack 节点之间的流量。

值得关注的是，在实践中，人们常常发现隧道技术（如 GRE 和 VXLAN）的扩展性要优于 VLAN。VLAN 在企业环境中更为常见。在企业环境中，租户网络的数量是有限的并且数据中心使用的是常用的 layer-2 交换结构。VLAN 需求对网络硬件进行配置以支持每个租户，并且会遇到关于 VLAN 数量的限制。这个数量取决于给定的交换机或链接。隧道技术为 OpenStack 带来了复杂性和扩展性方面的问题，因此在数据中心网络设备中不需要这种技术。使用隧道技术还可以更为容易地进行部署和修补漏洞。在进入生产时，用户需要与自己的网络团队分析一下环境，以决定使用哪种方式。

3.1.4 最大传输单元（MTU）

在继续下一步之前，花时间探讨一下最大传输单元（MTU）也是非常重要的。通过图 3-1，读者会注意到这个封装分组中有许多东西。这些东西不在一个典型的以太网框架中。作为一个封装框架，我们加入了 VXLAN 数据。这使框架被限制在了一个特定规模，目的是为了让流量在典型的网络中可靠流动。

大多数网络默认接受 MTU 大小为 1 500 字节。这个规模是在以太网网络中传输时许多系统认可的分组大小。在本书的部署场景中，参考图 3-1，将 MTU 的大小设定为 1 450 字节。每个首部都占据了一定的空间。

- **IP 首部**：通常为 20 字节。
- **UDP 首部**：8 字节。

- **VXLAN 首部**：8 字节。
- **嵌入式以太网首部**：通常为 14 字节。

当把这些都加在一起后，我们得到的数值为 50，所以能够发送的最大分组必须限制为 1 450 字节，也就是 1 500 字节减去 50 字节。

> **提示**
>
> 如何知道是否遇到了 MTU 问题？首先，一些症状表现为用户可以 ping 实例，但是无法 SSH 它们。或者是用户的 SSH 命令启动了，但是无法完成握手。详情见第 13 章的 13.4 节，在那一节中读者可以学到更多关于如何修复 MTU 问题的办法。

当将部署转移至数据中心并开始在上面运行真正的服务时，读者可能会发现这一规定的大小存在不足。当被限制使用更小规模的分组时，许多应用并不能很好地执行。这时必须开始使用巨型框架。巨型框架为带有超过 1 500 字节有效载荷的以太网框架，正常情况下最大支持 9 000 字节。在底层数据层网络上使用巨型框架是生产型云部署中常用的作法。实现这一目标，需要确保所有节点都在与超过 1 550 的物理以太网接口 MTU 一起运行，从而使得实例和通过隧道连接的接口不需要压缩 MTU 的大小。

3.2 部署条件

在本书的部署场景中，我们将使用两个节点。第一个节点是控制器，它们的用途是为每个部署场景运行 OpenStack 服务。第二个是计算节点，它们只用于运行计算实例。每个服务器所需的全部规范将在第 4 章中进行详细介绍。目前我们只需要知道，控制器节点上需要两个 NIC，计算节点上需要一个 NIC。

我们将使用 OVS 和 VXLAN 创建一个隧道网，以便人们能够将流量传递给计算节点上的实例。虽然我们将在第 4 章中介绍如何手动配置它们，但是在后面几章中我们将介绍如何通过 Puppet 对它们进行自动配置。理解流量是如何流动的非常重要。这样我们就可以修复部署场景中出现的任何问题，对继续推动生产型部署做出明智的决策。

我们在部署场景中将使用的网络如下。

- **外部网络示例**：203.0.113.0/24。
- **租户网络示例**：10.190.0.0/24。
- **用于访问节点、API 端点、控制流量和封装租户流量的示例网络**：192.168.122.0/24。

> **提示**
>
> 外部网络 203.0.113.0/24 可能看似真实，但它们是 RFC 5735 测试用的网络地址块。虽然貌似一个被分配的公共地址，但是它们仅用于测试。
>
> 在使用这一默认的外部网络的情况下，虽然我们的实例并没有因特网访问权限，但是我

们可以将示例资源放在 203.0.113.0/24 网络上模拟因特网端点。例如，在我们的部署场景中，网络中的 Web 浏览器用于访问运行在实例上的 Web 页面。

如果读者有一个连接至因特网的外部网络，并且希望将其作为外部提供商网络，那么可能要用这个进行替代。

本书中的部署示例设计成具有足够的灵活性，能够在物理硬件上使用，或是能够与所选择的虚拟化技术一起使用。尽管如此，需求仍然非常严格。如果读者使用的交换机和网桥与我们的交换机和网桥有出入，可能在配置决策时会遇到麻烦。如果读者在创建部署时遇到了麻烦，可以参考附录 A，使用其中的示例进行尝试。附录 A 中的参考部署已经经过了充分测试。

1. 物理硬件

我们将从讨论物理硬件场景开始，因为这可能有助于从概念上理解它们的布局。如果使用的是物理硬件，就需要有两个物理网络，每个网络都带有一个交换机。下面让我们看一下图 3-2，我们将深入探讨如何对它们进行设置。

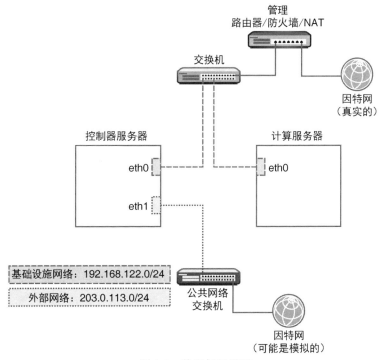

图 3-2 物理机器设置

图 3-2 顶端上的第一台交换机将连接控制器服务器和计算服务器。这个网络将承载管理、控制与数据层流量。正如所说的那样，我们现在将把重点放在网络上，为此请参阅第 4 章，了解服务器所需硬件的全部规范。用户需要有这些服务器的访问权限，无论它们是连接到监视器、

键盘和鼠标，还是在串口控制台上，或是通过 SSH 从另一台被连接的计算机到第一台交换机，抑或是通过 IPMI。当在部署场景中与服务器共同工作时，用户就能够通过这台交换机完成自己全部的管理职责。

第一台交换机也将与路由器/防火墙/NAT 设备连接，后者最终将提供对真实因特网的访问。由于为节点提供了因特网访问权限，因此能够安装 Ubuntu 软件包、Git 存储库、Puppet 模块，以及我们在 OpenStack 配置中需要的其他安装资源。

在图 3-2 底部的第二台交换机是"公共网络交换机"。在生产型部署中，这台交换机将把控制器节点中的网关功能与数据中心内和因特网连接或是和内网连接的网络连接在一起。如果使用的是示例的"公共"地址，那么它们实际上没有在线路由功能。图 3-2 中（可被模拟）因特网可能会被笔记本电脑或是其他计算机替代。在这里，一旦拥有已被部署的实例和来自外网的浮动 IP 地址，就可以对连接性进行测试。

2. 虚拟机

在起步时，针对这些部署示例使用虚拟机可能更为容易。在附录 A 的参考部署中，我们使用的是由运行在 Ubuntu 14.04 上的 KVM 驱动的虚拟环境。如果读者理解了我们的目标架构，就会使用让自己感到舒服的备选虚拟化技术。

主机、节点和实例

在我们开始讨论环境组件时，虽然我们在这个环境中有一台在顶层带有大量虚拟化技术的、单独的物理机，但是还是会很容易感到困惑。下面将定义我们在使用每个术语时想表达的意思。

- **主机（host）**：主机是一个硬件，所有虚拟机都将在它们上面运行。它们可以是笔记本电脑、台式机或是服务器，但是用户应当能够坐在它们面前并在它们的上面运行命令。这台主机需要运行某种形式的 Linux，同时用户能够通过节点在它们的上面设置 Linux 网桥以便能够使用。
- **节点（node）**：节点为一个运行 OpenStack 服务的 OpenStack 组件。在我们的示例中，将有一个控制器节点和一个计算节点。其他的 OpenStack 部署可能会有自己的网络节点、存储节点等。节点通常为它们自己的物理机。
- **实例（instance）**：实例为用户使用 OpenStack 启动的服务器。在实例上，用户可以做公司的所有工作。我们可以在这上面运行自己的网站或是作为公司最新发布的游戏的服务器。它们通常是虚拟机，但是也可能是裸机（将在第 10 章讨论）或是容器（将在第 11 章讨论）。

虚拟机设置与物理机设置相同，实际上我们只需要复制这一场景。为了替代交换机，我们将针对每个节点在主机上使用网桥，因此运行它们的机器需要使用两个网桥进行配置。除此之外，图 3-3 看起来与图 3-2 非常相似，对两张图进行对比可能会有助于我们对配置建立概念。

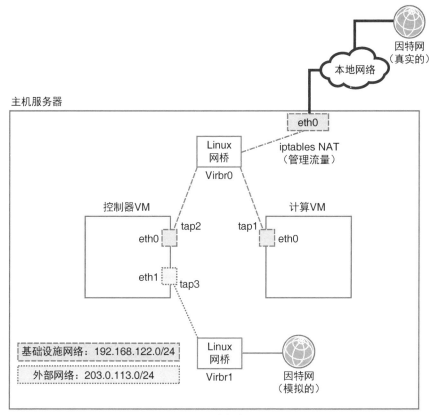

图 3-3　虚拟机设置

当我们创建自己的控制器节点时，一个 NIC 应当与 virbr0 相连，另一个 NIC 应当与 virbr1 相连。连接至 virbr0 网络的 NIC 将成为我们从系统进入配置以及与 OpenStack 交互的端口。这个网桥上的管理流量需要通过 eth0（如图 3-3 中虚线所示），考虑到这一点，iptables NAT 规则通常将被放置在一个适当的位置。

第二个网桥（virbr1）将用于示例的外部提供商网络，这意味着我们的实例被赋予了超越其默认租户网络的访问权。

单独的 NIC 计算节点只能与 virbr0 网桥相连。

3.3　流量流

虽然我们现在有一些用于处理流量的交换机或网桥，但这仅仅是 OpenStack 部署内部路由的表象。我们在网络中发现的许多问题都与传递流量的内部接口有关，因此对它们有清楚地认识非常重要。一旦建立并运行部署场景，我们就能够自己探索发生了什么。图 3-4 所示为一张详细介绍流量是如何流动的缩略图，我们在后面可能需要经常回顾这张图。

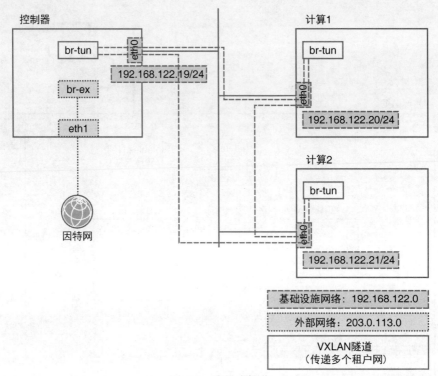

图 3-4　流量流概览

为了便于解释，这张图绘制了一个控制器和两个计算节点（我们的部署场景只有一个计算节点）。正如我们所看到的，计算节点间的流量直接在节点之间被处理。它们成为了穿越 VXLAN 隧道的实例流量。为了离开租户网络，流量必须通过控制器。控制器运行着常用的网络服务，如针对租户网络的 DHCP，同时负责将流量路由至外部网络。

这张图并不完整。为了处理网络中的流量，现在我们需要进一步深度查看控制器和节点中到底发生了什么。

3.3.1　控制器节点

正如从设置需求中学到的那样，我们在控制器节点上将有下列接口：eth0 和 eth1。这两个接口会结束对许多东西的处理。因此我们将深入其中，看看为了路由流量、运行 DHCP 服务器和使用 iptables，OVS 正在做些什么工作。

首先看一下图 3-5，它详细展示了控制器节点内正在发生什么。这张图在开始时会让读者感到无所适从，但是在开始修补漏洞时，熟悉这些概念非常重要。

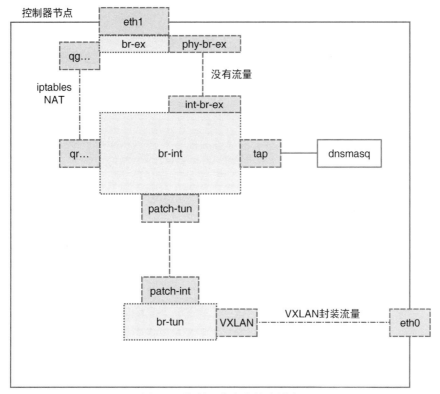

图 3-5　控制器节点上的流量流

这是一张复杂的图。要描述它们，最简单的办法是回顾 OVS 网桥的每个部分。

从 br-int 开始，我们将让内部网桥围绕许多正在发生的行为展开。在 br-int 上，有以下几样东西。

- 一个 OVS 虚拟化 tap 接口，其将 dnsmasq 作为我们的实例的 DHCP 服务器。这个接口运行在自己的网络名称空间中。
- 一个针对每个租户网络的 OVS 虚拟化 tap 接口 qr-*。这个接口与 qrouter-* 名称空间相连，后者用于经过网络地址转化的外部流量。
- 一个与 br-tun 网桥相连的名为 patch-tun 的转接器（patch），其功能是在两个网桥之间直接传输流量。
- 一个与 br-ex 网桥相连的名为 int-br-ex 的转接器。虽然这个转接器在我们的设置中自动配置，但是在我们的部署场景中并不使用。

Linux 网络术语快速入门

　　在开始讨论控制器上的网络时，我们已经提到了许多术语。部分术语是标准的网络术语，还有一部分是 OVS 的特定术语。读者在使用网络的专用资源时会学到更多关于这些术语的知识，下面只是一个简要的介绍，目的是让读者快速入门。

- **TUN/TAP**——在用户区创建和操控的虚拟内核网络设备，允许将程序作为网络设备。TUN 模拟在 IP 帧上运行的网络层设备。TAP（网络分流器）模拟与以太网帧一同工作的链路层设备。TUN 和 TAP 设备由相同的驱动提供。在我们的场景中，我们仅使用 TAP 接口。
- **转接器**——一个连接两个网桥的 OVS 概念。可以认为是在两个 OVS 网桥之间运行一根以太网电缆。
- **网桥**——功能更像一台网络交换机。通过将物理或逻辑网络接口作为网桥的端口，一个软件网桥（无论使用的是 OVS 还是 Linux 网桥）可连接多个网段。
- **名称空间**——通过 `ip netns` 命令查看和控制，网络名称空间代表一个带有自己的网络接口、路由表单和使用 iptables 能力的网络堆栈。
- **NAT**——网络地址转换。在流量转移至其他网络时提供了 IP 地址空间的重新映射。一个简单的例子是，一个从本地网络向外流出至因特网的流量在因特网上被路由时将会重新编写它们的源地址。
- **iptables**——用于配置基于内核的 Linux 防火墙的用户区程序。

为了让隧道的配置更加模块化，隧道接口并不直接附加至 br-int 网桥。相反，一个名为 br-tun 网桥的专用 OVS 网桥被创建，用以处理隧道活动。在我们的案例中，这些隧道活动为 VXLAN 流量。这个网桥只有两个端口。

- 位于 patch-tun 转接器的另一端，用于处理流量进出 br-int 网桥的 patch-int。
- VXLAN 隧道端接口。该接口使用控制器的主机网络栈进行路由和转发，从而使得流量流过其主要接口 eth0。

最后看一下 br-ex 网桥，下列内容位于负责处理将流量传递至公共网的 NAT 规则的另一端。

- eth1 外部接口被附加至这个网桥上。
- 一个针对每个租户网络的 OVS 虚拟化 tap 接口 qg-*。这个接口与 qrouter-*名称空间相连，后者用于经过网络地址转化的外部流量。
- 未被使用的 int-br-ex 转接器——phy-br-ex 的另一端。

花时间讨论一下 qrouter-*网络名称空间非常重要。如上所述，它们经由一对 OVS 虚拟化 tap 接口，位于 br-int 和 br-ex 网桥之间。在这个名称空间中正常的、基于 Linux 内核的 IP 转发用于在两个 tap 接口之间（在两个 OVS 网桥之间）路由流量。此外，名称空间内的 iptables 规则负责处理在两个 tap 接口间流动的分组。除了过滤规则外，iptables 配置文件还包括用于在租户网络地址和外部网络地址（如外部提供商网络分配的浮动 IP）之间转换地址的 NAT 规则。

要查看控制器上的所有这些，我们可以使用以下一些命令。第一个是 OVS 命令，用于显示所有的 OVS 网桥、转接器和接口。

```
$ sudo ovs-vsctl show
f8356299-3562-4303-a217-c2049cd0b5e2
```

```
Bridge br-int
    fail_mode: secure
    Port patch-tun
        Interface patch-tun
            type: patch
            options: {peer=patch-int}
    Port br-int
        Interface br-int
            type: internal
    Port "qr-0ed92e71-46"
        tag: 1
        Interface "qr-0ed92e71-46"
            type: internal
    Port "tapb35f58ac-3e"
        tag: 1
        Interface "tapb35f58ac-3e"
            type: internal
    Port int-br-ex
        Interface int-br-ex
            type: patch
            options: {peer=phy-br-ex}
Bridge br-tun
    fail_mode: secure
    Port patch-int
        Interface patch-int
            type: patch
            options: {peer=patch-tun}
    Port "vxlan-c0a87a20"
        Interface "vxlan-c0a87a20"
            type: vxlan
            options: {df_default="true", in_key=flow, local_ip="192.168.122.38",
out_key=flow, remote_ip="192.168.122.32"}
    Port br-tun
        Interface br-tun
            type: internal
Bridge br-ex
    Port "eth1"
        Interface "eth1"
    Port "qg-dd1efdc1-6a"
        Interface "qg-dd1efdc1-6a"
            type: internal
Port phy-br-ex
    Interface phy-br-ex
        type: patch
        options: {peer=int-br-ex}
Port br-ex
    Interface br-ex
        type: internal
ovs_version: "2.5.0"
```

第二个命令将显示两个网络名称空间，它们分别用于实例 dhcp 服务器和来自用户实例的租户流量。

```
$ sudo ip netns
qrouter-9bc585a7-5cc6-4a59-92f5-b0648f6adab0
qdhcp-a7897e45-0d16-4e8f-8b8a-846ce504b766
```

在这两个命令之间,我们可以开始尝试探索这些命令的输入是如何映射到图 3-5 的。标准的 `ip addr` 和 `ip -d link` 命令还可以帮助我们逐步了解配置详情,搞清楚使用设备的类型。

3.3.2 计算节点

计算节点相对简单些,但是它们增加了一些新的概念。图 3-6 提供了一张关于流量如何在计算节点中流动的缩略图。

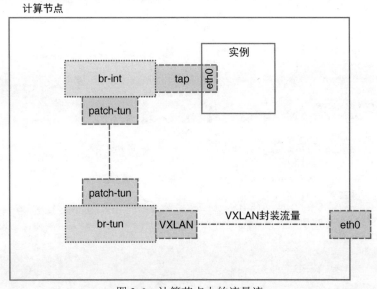

图 3-6 计算节点上的流量流

就像控制器一样,浏览这张图的最简单的方法是从内部网桥(br-int)开始,然后向外浏览。从 br-int 开始,有:

- 一个针对每个实例的 tap 接口,其代表实例内部以太网接口的另一端;
- 一个名为 patch-tun 的转接器,其与 br-tun 网桥连接,用于在两个网桥之间直接传输流量。在计算节点中,br-tun OVS 网桥的构建与使用与在控制器节点中的构建与使用方式一样。

与控制器一样,我们可以运行 `ovs-vsctl show` 命令查看这些虚拟接口隧道的 OVS 配置。通过 `ip -d link` 命令,用户可以查看自己的接口,以及用于每个正在运行的实例的 tap 接口。

3.4　其他资源

OpenStack 社区一直在维护着一个《网络指南》（Networking Guide）。该指南提供了对重要的网络术语、与 OpenStack 相关的网络、使用 Flat 的不同场景、VLAN 和 VXLAN/GRE 的介绍。详情参见 http://docs.openstack.org/mitaka/networking-guide。

由 OpenStack 社区维护的安装指南也有部分章节涉及到网络，可供读者参考。

读者还可以阅读 13.4 节查看关于解决部署问题的提示，阅读附录 F 来学习如何从 OpenStack 社区寻求建议和帮助。

3.5　小结

用户所做的网络决策将影响到 OpenStack 部署中的每一件事情，并且在部署后难以调整。与网络团队就最适合用户需求和环境要求的网络拓扑设计展开讨论非常重要。为了帮助决策，我们将学习网络的关键概念和 OpenStack 中的 Neutron。

针对本书中使用的部署场景，我们对物理和虚拟网络需求进行了定义。通过对这些基本配置的解释，读者还学习到了流量是如何在高层中流动的，以及它们是如何在控制器和计算节点上被分解的。

第 4 章

首个 OpenStack

> 千里之行，始于足下。
> ——老子《道德经》

在第 2 章中，我们已经初步尝试了通过在单台服务器上使用 DevStack 进行 OpenStack 的初步部署。现在，我们将继续学习一些基础知识。这些知识涉及利用两台服务器上的 OpenStack Mitaka 版本，在一个单一系统上更为务实地安装 OpenStack 核心组件。

尽管这些步骤将构建起一个系统，并且更能体现出 OpenStack 在真实部署中的样子，但是它们仍然没有为生产做好准备。我们在这里完成的步骤是手动进行的，这导致这一安装并不容易被维护。为此，我们在这里不考虑可扩展性。在生产中，我们还需要使用一些配置管理系统，例如我们将在后面几章中使用的 Puppet。

由于配置管理较为抽象，许多配置均是如此，因此本章中的指导旨在让读者更加熟悉自己的组件。理解 OpenStack 组件、MySQL 和消息队列之间的交互，以及这些服务如何添加至 Keystone 身份验证服务中非常重要。这些理解将有助于选择架构、修补漏洞，并最终可帮助扩展 OpenStack 部署和增加新的服务。

4.1 系统要求

要展示 OpenStack 和本书中的所有后续操作，我们需要两台服务器。第一台作为控制器节点，第二台作为计算节点。这些服务器需要符合以下规范，如图 4-1 所示。

- 控制器节点——1 个 64 位处理器、4 GB 内存、30 GB 存储和 2 个网卡（NIC）。
- 计算节点——1 个 64 位处理器、2 GB 内存、20 GB 存储和 1 个网卡（NIC）。

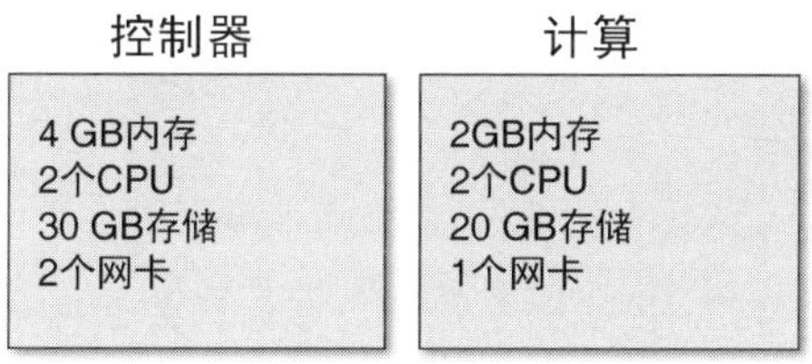

图 4-1　最低需求示例，双节点部署

如果读者正在使用物理硬件，那么还需要 2 台如第 3 章所描述的物理交换机。如果使用的是一系列虚拟机（VM），那么需要在主机系统上创建网桥，而非使用物理交换机，这部分也已在第 3 章中进行过阐述。

如果读者正在使用虚拟机进行这一设置，简单的办法是增加第二个 NIC。关于如何完成这一设置，读者需要查阅自己所用虚拟机技术的文档。如第 2 章中所述，在启动实例时，为了实现最佳性能，需要使用带有硬件虚拟化支持功能的 64 位 CPU，并且理想状态下至少是 4 核。

参考部署

本书中的示例旨在能够灵活地使用我们选择的虚拟化技术或硬件设置。尽管如此，如果读者对这里准备和测试过的部署示例感到满意，那么可查阅附录 A。这一参考部署将 Ubuntu 14.04 系统作为带有两个 Linux 网桥的主机系统、拥有针对 OpenStack 节点且带有 KVM（基于 Kernel 的虚拟机）的 libvirt 工具箱和针对计算实例的 QEMU。

如果读者苦于在自己的设置选项进行配置，那么我们还是推荐使用参考部署。网络默认设置的细微差别，尤其是虚拟化技术之间的细微差别非常多。虽然我们已经学习了许多 OpenStack 的基本原理，但还是很容易陷入难以修补漏洞的困境当中。

4.2　初始设置

我们首先要从满足让网络正常工作的预先需求开始。一旦网络完成设置，我们将在系统上完成操作系统的安装，同时开始安装 OpenStack 关键组件。正如第 1 章中讨论的那样，我们使用的操作系统为 Ubuntu 14.04 LTS Server。同时，我们还将安装 OpenStack Mitaka 版本。本章将带领读者创建一个完全手动设置的网络，以帮助读者熟悉一些特定组件。在下一章中，我们将介绍如何利用 Puppet 完成这些工作。

4.2.1　网络

我们在第 3 章中已经学习了网络在 OpenStack 中如何工作的内在原理。特别是，它们是如何针对我们正在使用的部署进行工作的。如果读者使用的是根据第 3 章中图 3-2 设置的物理网络,那么在这部分中讨论的虚拟化网络将由网络中的硬件负责处理。如果物理网络已经就位,读者可直接跳至 4.2.2 节。

> **提示**
>
> 如果读者正在使用附录 A 中的参考部署,可获得关于网络与操作系统设置的指导。希望读者阅读下列内容以增加对如何进行手动配置的理解,当然读者也可以安全地跳到 4.2.3 节。

如果读者正在使用虚拟化技术运行这些部署场景,而非附录 A 中的参考部署,那么需要对运行 OpenStack 虚拟机的主机系统进行一些配置。

虚拟机、控制器和计算都需要经过配置才能使用带有 NAT 的网桥。这可能是虚拟化技术配置中的一个选项。虽然在 NAT 中,虚拟机的所有外流流量都会自动转换,但是基本的 NAT 不适合这种环境工作。

下面是一个关于如何在虚拟机主机中设置网桥的示例,前提是它们没有被虚拟化技术自动设置。我们需要安装 bridge-utils 和 iptables 软件包。

```
$ sudo brctl addbr virbr0
$ sudo ip addr add 192.168.122.1/24 dev virbr0
$ sudo ip link set up dev virbr0
$ sudo iptables -t nat -A POSTROUTING -s 192.168.222.0/24 \
\! -d 192.168.222.0/24 -j MASQUERADE
$ sudo brctl addbr virbr1
$ sudo ip addr add 203.0.113.1/24 dev virbr1
$ sudo ip link set up dev virbr1
```

当我们启动自己的控制器节点时,一个 NIC 应当与 virbr0 关联,另一个 NIC 与 virbr1 关联。连接至 virbr0 网络的 NIC 将负责我们如何进入系统进行配置以及与 OpenStack 进行交互。另一个网桥(virbr1)将用于示例的外部网络,其主要用途是让用户的实例访问超出默认的租户网络。

> **注意**
>
> 如果读者正在自己的环境中使用 virsh 和 KVM,那么可能已经有了一个经过配置的 virbr0,且只需要增加 virbr1。Virsh 将运行一个 DHCP 服务,自动为虚拟机分配 192.168.122.1/24 地址。
>
> 如果 DHCP 服务器无法自动分配地址,那么读者需要为它们的 eth0 接口在每个节点上手动分配一个地址。在这些节点上安装 Ubuntu 14.04 LTS Server 期间,可能会使用下列参数:
> - **IP 地址**——192.168.122.2(用于控制器)或 192.168.122.5(用于计算);
> - **子网掩码**——255.255.255.0;
> - **网关**——192.168.122.1;
> - **域名服务器地址**——8.8.8.8 8.8.4.4。

用户的单个 NIC 计算节点需要与 virbr0 关联。

4.2.2 操作系统

现在我们已经知道了需要如何设置网络,下面是在 OpenStack 节点上安装 Ubuntu 14.04 LTS Server。在安装期间,大部分默认设置都没有问题,但是需要在"Partition disks"(磁盘分区)选项中选择"Guided - use entire disk"(引导——使用整个磁盘),原因在于不需要 LVM。当进入允许为安装选择额外组件的 Software 选择界面时,需要确认除了 OpenSSH 服务器外所有选项均未被选定。这一选项将在服务器上安装 SSH 守护进程,并在首次启动服务器时启动该守护进程。因此我们能够通过 SSH 进行远程访问。

如果在安装期间没有选择进行软件更新,那么可在安装结束并重启节点后更新软件,同样可以更新到最新的 Ubuntu 系统。

```
$ sudo apt-get update
$ sudo apt-get dist-upgrade
$ sudo reboot
```

这可能需要花费一些时间,不过 Ubuntu 会就下载和配置向用户提供软件包计数和统计。这一升级可能包含新的内核,因此我们在进行下一步操作前需要重启系统,以便它们使用新内核。一旦进行重启,就要做好手动进行系统配置的准备。

从此以后,本章中所涉及的所有操作均可在后面几章中通过 Puppet 自动完成。本章将带领读者再次浏览一下,在没有 Puppet 的情况如何进行 OpenStack 基本安装。读者可从中了解这些组件是如何组合在一起的。

4.2.3 系统配置

在系统启动时,我们需要通过下列命令获得针对 OpenStack 最新版本的 Ubuntu Cloud Archive,并更新软件包列表和云归档所带的全部软件包。这些软件包会比 Ubuntu 14.04 自带的要更新。

```
$ sudo add-apt-repository cloud-archive:mitaka
$ sudo apt-get update
$ sudo apt-get dist-upgrade
```

注意第一个命令中的 mitaka。正如之前所述,在我们编写此书时,Mitaka 为 OpenStack 最新的稳定版本。更新命令同样也非常重要。如果不运行它们,我们将无法获得所需的全部软件包,系统安装的将是 OpenStack 的老版本。OpenStack 的老版本将与本书中所介绍的一些选项存在不兼容的问题。

现在我们将继续配置网络,安装保证 OpenStack 组件能够在每个节点上运行所需的软件包。

> **提示**
>
> 名为 scripts-and-configs 的 Git 存储库为 GitHub 上的 DeploymentsBook 项目的一部分。详情参见 https://github.com/DeploymentsBook。这个存储库包含了许多配置文件的内容和本章详细介绍过的内容。读者可以使用这个存储库，将任何示例复制、粘贴到自己的系统中，而不用一个字符一个字符地从本书中复制。

我们将从控制器节点开始。

1. 控制器节点

控制器节点是 OpenStack 部署的心脏。它们运行着所有的 OpenStack 服务、数据库、队列服务器等。另一个节点，计算节点仅用于运行计算实例。

（1）网络。关于我们部署的网络规范已经在第 3 章中详细讨论过。用户需要对配置做出的第一个修改是/etc/network/interfaces 文件。它们负责配置用户的网络。在下列示例中，设定条件是用户拥有自己的本地环回接口 lo 和两个定义为 eth0 和 eth1 的 NIC。

> **记住**
>
> eth0 接口与 virbr0 连接，或是与连接至计算服务器的交换机相连。
>
> eth1 接口或是与 virbr1 相连，或是向外与用户的其他交换机相连，向内与我们示例的提供商网络相连以获得"公共"地址。

使用 sudo 和自己偏爱的文本编辑器打开/etc/network/interfaces，并进行修改，修改后将如下所示：

```
# The loopback network interface
auto lo
iface lo inet loopback

# The primary/maintenance network interface
auto eth0
iface eth0 inet static
        address 192.168.122.2
        netmask 255.255.255.0
        network 192.168.122.0
        broadcast 192.168.122.255
        gateway 192.168.122.1
        dns-nameservers 8.8.8.8 8.8.4.4

# Tenant network (no address directly assigned)
auto eth1
iface eth1 inet manual
```

在这个示例中，控制器服务器的 IP 地址为 192.168.122.2。将这个地址调整至与自己的网络和 DHCP 服务的控制器服务器地址一致。

现在我们需要设置 eth1 网络。这个网络虽然没有被直接分配地址，但是在网络服务中它们需要处于 UP 状态，并且在后面将会用到：

```
$ sudo ifup eth1
```

在下次重启时，将自动出现这个界面。如果喜欢并确认 eth1 处于 UP 状态，这时就能够对其进行测试：

```
$ ip link show eth1
3: eth1: <BROADCAST,MULTICAST,UP,LOWER_UP> mtu 1500 qdisc pfifo_fast state UP mode
DEFAULT
group default qlen 1000
    link/ether 52:54:00:7b:95:83 brd ff:ff:ff:ff:ff:ff
```

最后，向/etc/hosts 文件添加控制器主机和计算主机。虽然它们不必是将在生产中使用的修改，但是通过在名称充足的地方解析 IP 地址，可以让本章中后续的步骤变得简单一些。在这个示例中，计算服务器拥有 192.168.122.5 的地址。下面的内容可添加至文件的底部。

```
192.168.122.2 controller
192.168.122.5 compute
```

在继续阅读本章的过程中请记住这一修改。我们将在配置中用"控制器"和"计算"来指代这两个服务器的 IP 地址。

（2）软件包。OpenStack 需要几个软件包用以准备环境。这些软件包通常都来自普通的 Ubuntu 存储库，但是有时候 Ubuntu Cloud Archive 团队会将更新的软件版本放入存储库中，以与更新的 OpenStack 版本一起使用。我们可使用下列命令在控制器服务器中预先安装这些软件包：

```
$ sudo apt-get install ntp rabbitmq-server mysql-server \
 python-pymysql python-openstackclient openvswitch-switch
```

这将安装网络时间协议（NTP）守护进程以确保读者的时间在节点之间被正确同步。NTP 不需要进行任何配置。用于让 OpenStack 后端正常工作的服务也将通过命令安装，其中包括队列服务 RabbitMQ、MySQL 服务器和用于 MySQL 的相关 python 连接器。在安装过程中，将提示读者为 MySQL 设置一个根密码。读者需要确保这是一个唯一且安全的密码，同时还要确保自己能够记住。python-openstackclient 工具将用于对 OpenStack 服务器的大多数查询。网络需要 Open vSwitch 软件包，本章在后面将会对其进行配置。

提示

收到了 "E: Unable to locate package python-pymysql" 消息？这个软件包仅包含在 Ubuntu Cloud Archive（UCA）中。读者确保自己按照之前的步骤打开了 UCA，并运行 apt-get 更新以确认自己的源是最新的。

RabbitMQ 不会给我们提供创建用户并设置权限，因此需要立即进行以下工作。在下列命令和随后的响应时，我们正在创建一个名为 openstack 的用户。同时读者可以用自己的密码替换

掉 RABBIT_PASSWORD。

```
$ sudo rabbitmqctl add_user openstack RABBIT_PASSWORD
Creating user "openstack" ...
$ sudo rabbitmqctl set_permissions openstack ".*" ".*" ".*"
Setting permissions for user "openstack" in vhost "/" ...
```

记住自己的密码，在后面配置 Nova 和 Neutron 时需要用到这个密码。

> **提示**
> 我们为所有的服务都设置了相同的 RabbitMQ 密码。在生产环境中，我们建议读者为每个服务设置不同的 Rabbit 证书。

最后，我们需要对 MySQL 的配置进行一些修改。创建包含下列内容且名为/etc/mysql/conf.d/openstack.cnf 的新文件，用自己的控制器地址替换掉示例的 192.168.122.2：

```
[mysqld]
bind-address = 192.168.122.2
default-storage-engine = innodb
innodb_file_per_table
collation-server = utf8_general_ci
character-set-server = utf8
```

有了这个文件，重启 MySQL 服务器以应用这些修改：

```
$ sudo service mysql restart
```

控制器现在有了基本的配置。在对计算节点进行了基本的配置后，我们将开始为运行在节点上的服务安装 OpenStack 软件。

2. 计算节点

由于计算节点仅用于运行 OpenStack 实例，这里的需求相对要简单。

（1）网络。我们在关于网络计算系统中唯一需要做的修改是/etc/hosts 文件，这与为控制器节点所进行的工作一样。和以前一样，我们在这个示例中假设读者的控制器的地址为 192.168.122.2，计算服务器的地址为 192.168.122.5。再一次更新所有的示例以显示系统的真实地址。

下列内容可以添加至/etc/hosts 文件的底部：

```
192.168.122.2    controller
192.168.122.5    compute
```

我们需要记住这一修改。虽然在生产中未必需要这么做，但是对我们来说，在设置服务时用"控制器"和"计算"这两个名称来分别指代每个系统会让解释更为清楚易懂。

（2）软件包。在这个安装阶段，需要两个软件包：

```
$ sudo apt-get install ntp python-openstackclient
```

网络时间协议（NTP）守护进程和 python-openstackclient 工具。前者可确保节点间的时间能正确同步，后者将用于命令行来对 OpenStack 服务进行询问。我们还将指导读者在计算节点上安装客户端，以便在后面可以使用它们修补漏洞。

4.3　OpenStack 组件

核心系统已经准备就绪，下面我们将继续为简单的配置设置 OpenStack 典型的标准服务。在控制器上，将有下列关键服务、各种支持代理、守护进程和插件：

- Keystone（身份）；
- Nova（计算）；
- Neutron（网络）；
- Glance（镜像）。

在计算节点上，我们将简单地运行针对实例的 Nova 计算服务，为 Neutron 运行 openvswitch代理以处理隧道。下面我们将从控制器节点配置开始。

4.3.1　控制器节点

控制器节点将运行 OpenStack 核心服务。它们将运行大多数的服务、数据库和队列服务器，并作为 API 端点的主机。这一服务器也有两个 NIC 用于处理来自计算服务器的网络流量。

1. Keystone

如第 1 章中所述，Keystone 为 OpenStack 身份服务，向 OpenStack 提供了身份、令牌、目录和策略（如角色）服务。对于用户和服务，Keystone 可用于通过密码提供基于用户的认证，或是通过使用令牌的 API 在 OpenStack 服务之间提供大量以服务为中心的交互。Keystone 还可以为用户追踪策略，为每个 OpenStack 服务存储 API 端点。我们为 OpenStack 部署的每个服务必须向 Keystone 或是向提供相同功能的其他身份服务注册。因此我们需要首先安装 Keystone。

我们在本章的前部分已经配置了针对 Mitaka 的 Ubuntu Cloud Archive for Mitaka，这意味着我们现在能够通过使用 apt-get 安装最新的 OpenStack 稳定版本。尽管如此，我们需要先创建一个 MySQL 数据库以及能够通过 Keystone 访问该数据库的用户。读者在做这一工作时可能需要使用自己熟悉的 MySQL 工具或是带有下列命令的命令行。在这里，KEYSTONE_DBPASSWORD已经替换为 Keystone 用户的数据库密码。

```
$ mysql -u root -p
mysql> CREATE DATABASE keystone;
mysql> GRANT ALL PRIVILEGES ON keystone.* TO 'keystone'@'%' IDENTIFIED BY
  'KEYSTONE_DBPASSWORD';
mysql> quit
```

在我们安装 Keystone 之前，需要确保它们没有启动任何遗留的守护进程。运行下列命令（该命令没有输出）：

```
$ sudo sh -c 'echo "manual" > /etc/init/keystone.override'
```

现在我们可以安装 Keystone，带有 WSGI（Web 服务器网关接口）的 Apache Web 服务器，其用于替代一个 Keystone 守护进程：

```
$ sudo apt-get install keystone apache2 libapache2-mod-wsgi
```

通过安装这些软件包，我们在/etc/keystone/keystone.conf 有了一个 Keystone 的配置文件。我们需要使用 sudo 编辑该文件。

> **警告**
>
> 包含/etc/keystone 等 OpenStack 配置的目录为 root 用户所拥有，且为读取-访问只能由 root 用户进行。目录中的文件包括了一些系统中的其他用户不能够访问的重要秘密数据。
>
> 不要修改这些权限。

这一 Keystone 配置文件需要进行一些编辑。我们将从增加一个 admin_token 开始。这个 admin_token 是一个重要的数据，可以给予我们的 Keystone 和整个 OpenStack 部署的大量权限。它们将在初始配置中临时使用，其使用的密码不应过于简单。官方的 OpenStack 文档建议用户使用下列命令生成自己的管理员令牌：

```
$ openssl rand -hex 10
```

记住这个命令的结果，并将其添加至配置中。它们也在[DEFAULT]部分之中，下面是一个示例：

```
admin_token=975ec8ac7c7718d3ba57
```

下面我们需要升级[database]部分以使用新的 MySQL 数据库，而不是 Ubuntu 软件包创建的 SQLite 数据库。如果存在 sqlite 连接节，需要将其注释掉，因为不能有两种被定义的连接类型。然后添加以下命令：

```
connection = mysql+pymysql://keystone:KEYSTONE_DBPASSWORD@controller/keystone
```

最后，我们在 Keystone 安装中需要使用 Fernet 令牌，因此在[token]部分中加入下列命令：

```
provider = fernet
```

在本书之前提到的 scripts-and-configs 存储库中可以找到一个带有这些修改的 keystone.conf 示例文件。

Fernet 令牌

Fernet 使用对称密钥加密算法加密明文并使用相同的密钥脱密密文。由于使用了这种方式，Fernet 令牌在 OpenStack Kilo 版本中成为一种受支持的令牌格式，在之后的版本中性能和可靠性得到了提升。相比 UUID，Fernet 的主要优势在于令牌不需要持久性。也就是说，它们不需要存储到数据库中。这解决了数据库复制落后于令牌的问题，也意味着 cron 作业不需要删除过期的令牌。尽管 UUID 令牌仍然在广泛使用，包括在本书后面的部署场景中，但是 Keystone 社区正在致力于让 Fernet 成为默认的令牌格式。

Fernet 令牌被 Fernet 密钥加密签名。Fernet 签名密钥通常位于/etc/keystone/fernet-keys，并以每周或每月的频率进行旋转，以防止遭到暴力攻击。尽管读者可以有更多的 Fernet 密钥，但是至少需要有 3 个可用的 Fernet 密钥，即一个主要的、一个次要的和一个阶段性的。

我们可能需要对密钥旋转进行大量解释，读者才能搞清楚它们的概念。不过，读者需要记住的是，如果在集群中运行 Keystone，就不需要执行同步密钥旋转。如果读者需要更多的信息，OpenStack 社区的许多成员已经写了许多博文，并开会就它们的使用和执行展开过讨论。更多详情，读者可访问 http://docs.openstack.org/admin-guide/keystone_fernet_token_faq.html，查阅《OpenStack 管理员指南》中的常见问题并进行在线搜索。

下一步是为 Keystone 数据库增加架构。keystone-manage 命令可以帮助做这一工作，不过它们需要作为 root 用户运行：

```
$ sudo -u root /bin/sh -c "keystone-manage db_sync" keystone
```

现在我们需要设置 Fernet：

```
$ sudo keystone-manage fernet_setup --keystone-user keystone \
  --keystone-group keystone
2016-05-15 16:52:25.128 10350 INFO keystone.token.providers.fernet.utils [-] [fernet_tokens]
key_repository does not appear to exist; attempting to create it
2016-05-15 16:52:25.129 10350 INFO keystone.token.providers.fernet.utils [-] Created a new
key: /etc/keystone/fernet-keys/0
2016-05-15 16:52:25.129 10350 INFO keystone.token.providers.fernet.utils [-] Starting key
rotation with 1 key files: ['/etc/keystone/fernet-keys/0']
2016-05-15 16:52:25.129 10350 INFO keystone.token.providers.fernet.utils [-] Current primary
key is: 0
2016-05-15 16:52:25.130 10350 INFO keystone.token.providers.fernet.utils [-] Next primary key
will be: 1
2016-05-15 16:52:25.130 10350 INFO keystone.token.providers.fernet.utils [-] Promoted key 0
to be the primary: 1
2016-05-15 16:52:25.130 10350 INFO keystone.token.providers.fernet.utils [-] Created a new
key: /etc/keystone/fernet-keys/0
```

最后为 Keystone 配置的组件是 Apache Web 服务器。首先要在/etc/apache2/apache2.conf 中设置如下 ServerName：

```
ServerName controller
```

然后，在/etc/apache2/sites-available/wsgi-keystone.conf 中创建一个文件并添加以下内容：

```
Listen 5000
Listen 35357

<VirtualHost *:5000>
    WSGIDaemonProcess keystone-public processes=5 threads=1 user=keystone group=keystone
display-name=%{GROUP}
    WSGIProcessGroup keystone-public
    WSGIScriptAlias / /usr/bin/keystone-wsgi-public
    WSGIApplicationGroup %{GLOBAL}
    WSGIPassAuthorization On
    <IfVersion >= 2.4>
      ErrorLogFormat "%{cu}t %M"
    </IfVersion>
    ErrorLog /var/log/apache2/keystone.log
    CustomLog /var/log/apache2/keystone_access.log combined

    <Directory /usr/bin>
        <IfVersion >= 2.4>
            Require all granted
        </IfVersion>
        <IfVersion < 2.4>
            Order allow,deny
            Allow from all
        </IfVersion>
    </Directory>
</VirtualHost>

<VirtualHost *:35357>
    WSGIDaemonProcess keystone-admin processes=5 threads=1 user=keystone group=keystone
display-name=%{GROUP}
    WSGIProcessGroup keystone-admin
    WSGIScriptAlias / /usr/bin/keystone-wsgi-admin
    WSGIApplicationGroup %{GLOBAL}
    WSGIPassAuthorization On
    <IfVersion >= 2.4>
      ErrorLogFormat "%{cu}t %M"
    </IfVersion>
    ErrorLog /var/log/apache2/keystone.log
    CustomLog /var/log/apache2/keystone_access.log combined

    <Directory /usr/bin>
        <IfVersion >= 2.4>
            Require all granted
        </IfVersion>
        <IfVersion < 2.4>
            Order allow,deny
            Allow from all
```

```
      </IfVersion>
    </Directory>
</VirtualHost>
```

2. 提醒

Apache 配置文件为包含在 scripts-and-configs 存储库中众多文件中的一个。该存储库的地址为 https://github.com/DeploymentsBook/scripts-and-configs。读者可以轻松地复制它们或是使用 Git 从那里克隆它们。

然后在 Apache 中启用这一站点并重新加载。

```
$ sudo a2ensite wsgi-keystone
$ sudo service apache2 reload
```

完成了配置文件选项、数据库、Web 服务器的配置，我们需要与服务交互以配置命令行的细节。首先，使用一系列输出变量对环境进行准备。OS_TOKEN 为之前在 keystone.conf 中设置的 admin_token，由 openssl 命令生成。以下为一个示例。记住，如之前所述，"控制器"被添加至/etc/hosts 文件，并且与控制器主机 IP 地址相关联。

```
export OS_TOKEN=975ec8ac7c7718d3ba57
export OS_URL=http://controller:35357/v3
export OS_IDENTITY_API_VERSION=3
```

> **提示**
>
> 记住，跨 shell 或是会话时输出不会持续。每次打开一个新的 shell 或是 SSH 服务器，读者需要再次运行自己的输出命令。后面我们将用到在文本文件中长期使用的输出命令，然后运行 source /etc/openrc.admin 以让许多事情变得更容易。

通过设置这些环境变量，我们现在可以创建一套 Keystone 需要的基本服务和端点：

```
$ openstack service create --name keystone --description \
  "OpenStack Identity" identity
+-------------+----------------------------------+
| Field       | Value                            |
+-------------+----------------------------------+
| description | OpenStack Identity               |
| enabled     | True                             |
| id          | 23b87169d1c541568021936c7cde9636 |
| name        | keystone                         |
| type        | identity                         |
+-------------+----------------------------------+
$ openstack endpoint create --region RegionOne identity public \
  http://controller:5000/v3
+-------------+----------------------------------+
| Field       | Value                            |
+-------------+----------------------------------+
| enabled     | True                             |
| id          | c4ffbd93f5e94b9cb49d764f6cb359a3 |
```

```
| interface    | public                           |
| region       | RegionOne                        |
| region_id    | RegionOne                        |
| service_id   | d2027a47cf854adf951fa55aeefee8d6 |
| service_name | keystone                         |
| service_type | identity                         |
| url          | http://controller:5000/v3        |
+--------------+----------------------------------+
$ openstack endpoint create --region RegionOne identity internal \
  http://controller:5000/v3
+--------------+----------------------------------+
| Field        | Value                            |
+--------------+----------------------------------+
| enabled      | True                             |
| id           | 36ac8356c7464135910bea3a7c64a291 |
| interface    | internal                         |
| region       | RegionOne                        |
| region_id    | RegionOne                        |
| service_id   | d2027a47cf854adf951fa55aeefee8d6 |
| service_name | keystone                         |
| service_type | identity                         |
| url          | http://controller:5000/v3        |
+--------------+----------------------------------+
$ openstack endpoint create --region RegionOne identity \
  admin http://controller:35357/v3
+--------------+----------------------------------+
| Field        | Value                            |
+--------------+----------------------------------+
| enabled      | True                             |
| id           | e753685c682b4918a0aea53d3c8eaf49 |
| interface    | admin                            |
| region       | RegionOne                        |
| region_id    | RegionOne                        |
| service_id   | d2027a47cf854adf951fa55aeefee8d6 |
| service_name | keystone                         |
| service_type | identity                         |
| url          | http://controller:35357/v3       |
+--------------+----------------------------------+
```

下面我们将与项目、用户、角色和需要的服务一起添加默认域。当提示输入密码时，一定要确保自己记住输入的密码：

```
$ openstack domain create --description "Default Domain" default
+-------------+----------------------------------+
| Field       | Value                            |
+-------------+----------------------------------+
| description | Default Domain                   |
| enabled     | True                             |
| id          | f26f2b8ab0694a3cbbf4373486bcc3ae |
| name        | default                          |
+-------------+----------------------------------+
```

```
$ openstack project create --domain default --description \
  "Admin Project" admin
+-------------+----------------------------------+
| Field       | Value                            |
+-------------+----------------------------------+
| description | Admin Project                    |
| domain_id   | f26f2b8ab0694a3cbbf4373486bcc3ae |
| enabled     | True                             |
| id          | 716e41286e1b46e68238508349e944fd |
| is_domain   | False                            |
| name        | admin                            |
| parent_id   | f26f2b8ab0694a3cbbf4373486bcc3ae |
+-------------+----------------------------------+
$ openstack user create --domain default --password-prompt admin
User Password:
Repeat User Password:
+-----------+----------------------------------+
| Field     | Value                            |
+-----------+----------------------------------+
| domain_id | f26f2b8ab0694a3cbbf4373486bcc3ae |
| enabled   | True                             |
| id        | a316cc1e27e74e79a66555dea8e1b951 |
| name      | admin                            |
+-----------+----------------------------------+
$ openstack role create admin
+-----------+----------------------------------+
| Field     | Value                            |
+-----------+----------------------------------+
| domain_id | None                             |
| id        | bdfce39d3a334108aabdcd0c0b9191c9 |
| name      | admin                            |
+-----------+----------------------------------+
$ openstack role add --project admin --user admin admin
$ openstack project create --domain default --description \
  "Service Project" service
+-------------+----------------------------------+
| Field       | Value                            |
+-------------+----------------------------------+
| description | Service Project                  |
| domain_id   | f26f2b8ab0694a3cbbf4373486bcc3ae |
| enabled     | True                             |
| id          | 91e8d3828c2a4d77b8415611a0b2bc77 |
| is_domain   | False                            |
| name        | service                          |
| parent_id   | f26f2b8ab0694a3cbbf4373486bcc3ae |
+-------------+----------------------------------+
$ openstack project create --domain default --description \
  "Test Project" test
+-------------+----------------------------------+
| Field       | Value                            |
+-------------+----------------------------------+
```

```
| description | Test Project                      |
| domain_id   | f26f2b8ab0694a3cbbf4373486bcc3ae |
| enabled     | True                             |
| id          | 225bf2e6c9de4a93b89635e57cb42cec |
| is_domain   | False                            |
| name        | test                             |
| parent_id   | f26f2b8ab0694a3cbbf4373486bcc3ae |
+-------------+----------------------------------+
$ openstack user create --domain default --password-prompt test
User Password:
Repeat User Password:
+-----------+----------------------------------+
| Field     | Value                            |
+-----------+----------------------------------+
| domain_id | f26f2b8ab0694a3cbbf4373486bcc3ae |
| enabled   | True                             |
| id        | 4d2950b731ba45e290a485ecf3affcfb |
| name      | test                             |
+-----------+----------------------------------+
$ openstack role create user
+-----------+----------------------------------+
| Field     | Value                            |
+-----------+----------------------------------+
| domain_id | None                             |
| id        | cd4d42f8c7ef461cb6954ea70483c38d |
| name      | user                             |
+-----------+----------------------------------+
$ openstack role add --project test --user test user
```

我们现在有了一个管理账户项目、彼此关联的用户和角色、一个服务项目和一个测试用户。在创建其他属于这个服务项目的 OpenStack 服务后将会用到服务项目，而测试用户为测试项目的一部分。此外，我们还将再创建一个测试用户，这个用户的用途是执行非管理任务，如创建计算实例。回忆一下对 DevStack 的使用，我们在 DevStack 的配置中创建了类似的管理与展示的用户。

项目、域、角色、用户和用户组

OpenStack 的构建是为了成为一个灵活的基础设施，以满足不同类型的云消费者。尽管如此，OpenStack 安装中的项目、域、角色、用户和用户组会率先让人感到困惑。考虑到这一点，欢迎大家参加这个速成课，以搞清楚它们到底都是什么。

- **项目**——之前称之为"租户"。项目为一组有着相同配额和共享资源的用户。这些共享资源包括内核、内存和存储等。配置管理租户用于将管理用户与系统中的其他用户隔离。项目通常是为组织中共享资源的各个部分创建的。

- **域**——针对项目、用户和组的高级账户容器。单独的域可使用不同的身份验证后端。
- **角色**——以用户在特定项目中享有的权利和优先权的形式对操作进行定义。
- **用户**——用于与 Keystone 交互以实现访问 OpenStack 服务的单个账户。
- **用户组**——一个用户集合。

用户可以是一个或多个项目的成员，是一个指定的角色。角色存在于项目中。除了管理员外，角色不能独立存在于项目之外。尽管它们是在项目中被承认的，但是一旦获得承认将具有全球性。

最后，我们需要释放基于令牌的身份验证环境变量，设置新的基于密码的身份验证凭证。这里我们只需要设置为测试 Keystone 是否正在如预期的那样工作。OS_PASSWORD 为自定义密码，在创建管理员用户时我们会被提示输入密码。

```
$ unset OS_TOKEN OS_URL
$ export OS_PROJECT_DOMAIN_NAME=default
$ export OS_USER_DOMAIN_NAME=default
$ export OS_PROJECT_NAME=admin
$ export OS_USERNAME=admin
$ export OS_PASSWORD=ADMIN_PASSWORD
$ export OS_AUTH_URL=http://controller:5000/v3
$ export OS_IDENTITY_API_VERSION=3
```

为了今后能够更容易地使用这些输出的变量，我们后面将讨论如何将它们加到/etc/openrc.admin 文件当中。我们后面将可以找到这个文件的来源，以执行管理功能。

我们现在要运行 token issue 命令和 user list 命令，前者用于确认它们返回了 4 行令牌数据，后者将显示一个带有管理与测试用户的表单。

```
$ openstack token issue
+------------+----------------------------------+
| Field      | Value                            |
+------------+----------------------------------+
| expires    | 2016-05-16T01:54:40.942971Z      |
| id         | gAAAAABXORpRX00APYtIm5q1oMQ-b... |
| project_id | 716e41286e1b46e68238508349e944fd |
| user_id    | a316cc1e27e74e79a66555dea8e1b951 |
+------------+----------------------------------+
$ openstack user list
+----------------------------------+-------+
| ID                               | Name  |
+----------------------------------+-------+
| 8b1fe57aa6e64ad9add7cfc4d9504def | test  |
| bc2d151a86394372a5fa4c50055f7a58 | admin |
+----------------------------------+-------+
```

如果这些都工作的话，那么恭喜！Keystone 已被配置。

提示

是不是已经对环境变量感到厌烦了？读者还可以通过下列命令（当提示需要密码时，密码就是自己设置的管理员密码）在 openstack 命令内将这些数据传递至自己的环境中。

```
$ openstack --os-auth-url http://controller:5000/v3 --os-project-domain-name default \
--os-user-domain-name default --os-project-name admin --os-username admin \
--os-auth-type password token issue
```

---

3. OpenStack 客户端

我们在此能够暂停并完成之前提到的 openrc 文件的创建工作。openrc 文件中包含了我们曾经使用过的 echo 语句。首先，让我们使用下列内容创建/etc/openrc.admin。我们将使用 ADMIN_PASSWORD 作为之前设置的管理员用户密码的占位符：

```
export OS_PROJECT_DOMAIN_NAME=default
export OS_USER_DOMAIN_NAME=default
export OS_PROJECT_NAME=admin
export OS_USERNAME=admin
export OS_PASSWORD=ADMIN_PASSWORD
export OS_AUTH_URL=http://controller:5000/v3
export OS_IDENTITY_API_VERSION=3
export OS_IMAGE_API_VERSION=2
```

现在我们将通过类似的内容创建/etc/openrc.test。在这里，TEST_PASSWORD 应当用在创建测试用户时设置的密码所替代：

```
export OS_PROJECT_DOMAIN_NAME=default
export OS_USER_DOMAIN_NAME=default
export OS_PROJECT_NAME=test
export OS_USERNAME=test
export OS_PASSWORD=TEST_PASSWORD
export OS_AUTH_URL=http://controller:5000/v3
export OS_IDENTITY_API_VERSION=3
export OS_IMAGE_API_VERSION=2
```

警告

所有的组件都依赖于 Keystone。如果读者在配置 Keystone 时遇到了任何问题，那么在继续配置其他组件之前要对命令和配置进行调试。

---

4. Glance

Glance 为 OpenStack 的镜像服务，其提供了一套上传和索引磁盘镜像的机制，这些磁盘镜像在 OpenStack 中用于启动实例。OpenStack API 可以读取镜像索引，检索每个镜像的信息，便于计算服务 Nova 在后面对镜像进行部署。

与 Keystone 一样，Glance 镜像服务通过 Ubuntu Cloud Archive 安装。我们需要在 MySQL 中为 Glance 创建一个空白数据库。我们可能还要通过工具或是下列命令行中的命令再次创建这一空白数据库。我们需要确认使用自己选择的内容替代 GLANCE_DBPASSWORD：

```
$ mysql -u root -p
> CREATE DATABASE glance;
> GRANT ALL PRIVILEGES ON glance.* TO 'glance'@'%' IDENTIFIED BY
  'GLANCE_DBPASSWORD';
> quit
```

现在需要向服务项目添加一个 Glance 用户，并通过 Keystone 创建服务和端点。我们要注意在提示时输入的密码。

```
$ source /etc/openrc.admin
$ openstack user create --domain default --password-prompt glance
User Password:
Repeat User Password:
+-----------+----------------------------------+
| Field     | Value                            |
+-----------+----------------------------------+
| domain_id | f26f2b8ab0694a3cbbf4373486bcc3ae |
| enabled   | True                             |
| id        | 7c5e8824acfa4126bbef0f17ccd4db74 |
| name      | glance                           |
+-----------+----------------------------------+
$ openstack role add --project service --user glance admin
$ openstack service create --name glance --description \
  "OpenStack Image service" image
+-------------+----------------------------------+
| Field       | Value                            |
+-------------+----------------------------------+
| description | OpenStack Image service          |
| enabled     | True                             |
| id          | 4168f8427e8b4b1ca762b8f2ebc39e5a |
| name        | glance                           |
| type        | image                            |
+-------------+----------------------------------+
$ openstack endpoint create --region RegionOne image \
  public http://controller:9292
+-------------+----------------------------------+
| Field       | Value                            |
+-------------+----------------------------------+
| enabled     | True                             |
| id          | 936e7c2cbbf0485197c95a8217dd031e |
| interface   | public                           |
| region      | RegionOne                        |
| region_id   | RegionOne                        |
| service_id  | 4168f8427e8b4b1ca762b8f2ebc39e5a |
| service_name| glance                           |
| service_type| image                            |
| url         | http://controller:9292           |
+-------------+----------------------------------+
$ openstack endpoint create --region RegionOne image \
```

```
  internal http://controller:9292
+--------------+----------------------------------+
| Field        | Value                            |
+--------------+----------------------------------+
| enabled      | True                             |
| id           | 0e8474f2001a4c179822a3e1af565ee4 |
| interface    | internal                         |
| region       | RegionOne                        |
| region_id    | RegionOne                        |
| service_id   | 4168f8427e8b4b1ca762b8f2ebc39e5a |
| service_name | glance                           |
| service_type | image                            |
| url          | http://controller:9292           |
+--------------+----------------------------------+
$ openstack endpoint create --region RegionOne image \
  admin http://controller:9292
+--------------+----------------------------------+
| Field        | Value                            |
+--------------+----------------------------------+
| enabled      | True                             |
| id           | 171c0fef25cb4b37ad5277a9d043f0f1 |
| interface    | admin                            |
| region       | RegionOne                        |
| region_id    | RegionOne                        |
| service_id   | 4168f8427e8b4b1ca762b8f2ebc39e5a |
| service_name | glance                           |
| service_type | image                            |
| url          | http://controller:9292           |
+--------------+----------------------------------+
```

> **提示**
>
> 犯了错误？可添加和创建东西的 OpenStack 客户端命令，还有类似的移除和删除命令。例如，如果 `user create` 命令有问题，可以通过 `user delete` 删除所输入的内容。不确定自己是否犯了错误？这里还有 `user list` 等列表命令，让我们可以查看已经输入的内容。

现在我们有了一个空白的 MySQL 数据库，并且清楚了解向 Keystone 注册 Glance 的细节。下一步是安装 Glance 软件包和编辑配置文件：

```
$ sudo apt-get install glance
```

Glance 有两个主要的配置文件，一个是针对 API 的，另一个是针对注册表的。客户端可使用 Glance API 与 Glance 直接交互。注册表为一项服务，该服务存储了 API 参考服务的元数据。

与 Keystone 配置文件一样，这些文件的权限被严格限制，因为它们包含了敏感的身份验证数据。我们不需要修改这些权限。我们需要通过 sudo 编辑这些文件。

Glance API 的配置文件位于/etc/glance/glance-api.conf。我们需要做的第一个修改是把使用 SQLite 转换为使用 MySQL，方法是在[database]中将 `sqlite_db=`这一行注释掉并用下列命令（记住应当用在 MySQL 中创建 Glance 用户时所使用的值替换 GLANCE_DBPASSWORD）进行替换。

```
connection=mysql+pymysql://glance:GLANCE_DBPASSWORD@controller/glance
```

下列在[keystone_authtoken]中的行也需要修改，以设置 API 端点，告之 Keystone 位置，配置早前通过 OpenStack 客户端命令设置的内容。记住，密码为我们在用户创建部分中被提示输入的密码。

```
auth_uri = http://controller:5000
auth_url = http://controller:35357
auth_type = password
project_domain_name = default
user_domain_name = default
project_name = service
username = glance
password = GLANCE_PASSWORD
```

在[paste_deploy]中添加 flavor keystone：

```
flavor = keystone
```

现在可以保存该文件了。

下一步，编辑/etc/glance/glance-registry.conf 文件，进行类似修改。在[database]中注释掉 sqlite_db=这一行并为 MySQL 添加一个连接行：

```
connection = mysql://glance:GLANCE_DBPASSWORD@controller/glance
```

用与之前 API 配置文件中的相同数据编辑[keystone_authtoken]：

```
auth_uri = http://controller:5000
auth_url = http://controller:35357
auth_type = password
project_domain_name = default
user_domain_name = default
project_name = service
username = glance
password = GLANCE_PASSWORD
```

在[paste_deploy]中再次添加 flavor keystone：

```
flavor = keystone
```

对配置文件进行了这些修改，现在需要重新启动 API 和注册表服务：

```
$ sudo service glance-api restart
$ sudo service glance-registry restart
```

现在需要为之前创建的 MySQL 数据库创建一个默认架构，这很像使用 Keystone 所做的工作。这需要花费一些时间运行：

```
$ sudo -u root /bin/sh -c "glance-manage db_sync" glance
```

最后是进行测试！首先我们需要将一个名为 CirrOS 的简单镜像加载至 Glance：

```
wget http://download.cirros-cloud.net/0.3.4/cirros-0.3.4-x86_64-disk.img
```

读者还可以浏览 http://download.cirros-cloud.net/，查看是否有更新的 CirrOS 版本可用。

现在需要将镜像加载至 Glance。如果还没有登出 shell，那么之前输出的变量仍然可以使用；否则在运行下列命令前我们需要再次运行 source /etc/openrc.admin：

```
$ export OS_IMAGE_API_VERSION=2
$ openstack image create --name "CirrOS 0.3.4" --file \
  cirros-0.3.4-x86_64-disk.img --disk-format qcow2 \
  --container-format bare --public
+------------------+------------------------------------------------------+
| Field            | Value                                                |
+------------------+------------------------------------------------------+
| checksum         | ee1eca47dc88f4879d8a229cc70a07c6                     |
| container_format | bare                                                 |
| created_at       | 2016-05-19T01:07:28Z                                 |
| disk_format      | qcow2                                                |
| file             | /v2/images/b74a4190-b9ef-4fdd-88c8-3e8e9262a6e0/file |
| id               | b74a4190-b9ef-4fdd-88c8-3e8e9262a6e0                 |
| min_disk         | 0                                                    |
| min_ram          | 0                                                    |
| name             | CirrOS 0.3.4                                         |
| owner            | d936682232ed4bfc820fc825f0737b89                     |
| protected        | False                                                |
| schema           | /v2/schemas/image                                    |
| size             | 13287936                                             |
| status           | active                                               |
| tags             |                                                      |
| updated_at       | 2016-05-19T01:07:29Z                                 |
| virtual_size     | None                                                 |
| visibility       | public                                               |
+------------------+------------------------------------------------------+
```

正如所见，这一命令将 qcow2 格式的 CirrOS 镜像加载至了 Glance。现在我们可以通过运行下列内容确认文件已经被添加至 Glance 注册表中：

```
$ openstack image list
+--------------------------------------+--------------+--------+
| ID                                   | Name         | Status |
+--------------------------------------+--------------+--------+
| e17a02c3-b776-4bf7-8255-633519e47aa7 | CirrOS 0.3.4 | active |
+--------------------------------------+--------------+--------+
```

Glance 已经配置成功！

> **提示**
>
> 　　读者将利用整个程序中自始至终被加载的管理凭证使用环境变量与 Glance API 交互，无论是创建镜像还是列出镜像或是其他工作。如果读者希望制作一个仅供测试使用的镜像，那么可使用针对测试用户的/etc/openrc.test 文件。
>
> 　　此外，注意这些管理凭证与 Linux 系统凭证并不相同。不应当对这些命令使用 sudo，因为这可能会导致这些命令出现失败。环境变量不会被传递给执行的 `sudo` 命令。

5. Nova

通过向 Keystone 注册和测试前的配置文件修改，在控制器安装 Nova 密切反映了先前对 Glance 的指导。尽管如此，这次我们还创建了两个 MySQL 数据库，即 nova 和 nova_api。我们可以使用自己喜欢的工具或是通过命令行创建它们。

```
$ mysql -u root -p
> CREATE DATABASE nova;
> GRANT ALL PRIVILEGES ON nova.* TO 'nova'@'%' IDENTIFIED BY
  'NOVA_DBPASSWORD';
> CREATE DATABASE nova_api;
> GRANT ALL PRIVILEGES ON nova_api.* TO 'nova'@'%' IDENTIFIED BY
  'NOVA_DBPASSWORD';
> quit
```

为 Nova 用户和服务在 Keystone 上创建凭证，并添加 API 端点。和以前一样，在提示输入 nova 密码时记住自己输入的值，因为在配置文件时需要使用它们。

```
$ source /etc/openrc.admin
$ openstack user create --domain default --password-prompt nova
User Password:
Repeat User Password:
+-----------+----------------------------------+
| Field     | Value                            |
+-----------+----------------------------------+
| domain_id | f26f2b8ab0694a3cbbf4373486bcc3ae |
| enabled   | True                             |
| id        | 3e3df83ce01549799bbb9e4af7e30931 |
| name      | nova                             |
+-----------+----------------------------------+
$ openstack role add --project service --user nova admin
$ openstack service create --name nova --description \
  "OpenStack Compute" compute
+-------------+----------------------------------+
| Field       | Value                            |
+-------------+----------------------------------+
| description | OpenStack Compute                |
| enabled     | True                             |
| id          | 6d8da6185a234ed08203931e0e8eca75 |
| name        | nova                             |
```

```
| type         | compute                            |
+--------------+------------------------------------+
$ openstack endpoint create --region RegionOne compute \
  public http://controller:8774/v2.1/%\(tenant_id\)s
+--------------+------------------------------------------+
| Field        | Value                                    |
+--------------+------------------------------------------+
| enabled      | True                                     |
| id           | f0f82d91d7b04d59a024ebd6c5acedb1         |
| interface    | public                                   |
| region       | RegionOne                                |
| region_id    | RegionOne                                |
| service_id   | aee3db3dfc5741d7b92f44678c8b8a9d         |
| service_name | nova                                     |
| service_type | compute                                  |
| url          | http://controller:8774/v2.1/%(tenant_id)s |
+--------------+------------------------------------------+
$ openstack endpoint create --region RegionOne compute \
  internal http://controller:8774/v2.1/%\(tenant_id\)s
+--------------+------------------------------------------+
| Field        | Value                                    |
+--------------+------------------------------------------+
| enabled      | True                                     |
| id           | f879688639174ad698e45143f9ee8be8         |
| interface    | internal                                 |
| region       | RegionOne                                |
| region_id    | RegionOne                                |
| service_id   | aee3db3dfc5741d7b92f44678c8b8a9d         |
| service_name | nova                                     |
| service_type | compute                                  |
| url          | http://controller:8774/v2.1/%(tenant_id)s |
+--------------+------------------------------------------+
$ openstack endpoint create --region RegionOne compute \
  admin http://controller:8774/v2.1/%\(tenant_id\)s
+--------------+------------------------------------------+
| Field        | Value                                    |
+--------------+------------------------------------------+
| enabled      | True                                     |
| id           | 476096b7ad4b4888b6d5c9b7170bb6d1         |
| interface    | admin                                    |
| region       | RegionOne                                |
| region_id    | RegionOne                                |
| service_id   | aee3db3dfc5741d7b92f44678c8b8a9d         |
| service_name | nova                                     |
| service_type | compute                                  |
| url          | http://controller:8774/v2.1/%(tenant_id)s |
+--------------+------------------------------------------+
```

创建了服务用户和端点，现在安装软件包。与 Keystone 和 Glance 相比，我们需要为 Nova
安装更多的软件包：

```
$ sudo apt-get install nova-api nova-conductor nova-consoleauth \
  nova-novncproxy nova-scheduler
```

Nova 的基础服务

Glance 仅有一对服务，但 Nova 则有大量的服务。以下是对我们刚才所安装的服务的简单介绍。

- **API**——与其他 OpenStack 服务一样，API 是用户与服务的交互方式，包括启动新实例或询问已运行实例详情等活动。
- **Conductor**——能够以独立方式让 OpenStack 运行的守护进程，计算节点不需要直接访问数据库。
- **Consoleauth**——通过实例中 VNC 风格的控制台提供访问，利用 OpenStack 仪表盘 Horizon 等可提供外部访问也可提供直接访问。
- **Novncproxy**——与 Consoleauth 类似，在访问实例上的控制台时也需要这个代理守护进程。
- **调度器**——从队列中提取实例创建请求并决定主机应当运行哪个计算服务器的守护进程。

在安装了这些软件包之后，我们现在有了一个/etc/nova/nova.conf 配置文件，这个文件需要进行一些修改。[DEFAULT]部分需要下列操作（记住要用自己的控制器的实际 IP 地址代替 192.168.122.2）。

```
my_ip = 192.168.122.2
rpc_backend = rabbit
auth_strategy = keystone
use_neutron = True
firewall_driver = nova.virt.firewall.NoopFirewallDriver
```

下一步是将 ec2 从 enabled_apis 行中删除，使其仅包含下列内容：

```
enabled_apis=osapi_compute,metadata
```

现在，通过在新的[database]和[api_database]部分中添加下列内容从 SQLite 切换至 MySQL：

```
[database]
connection = mysql://nova:NOVA_DBPASSWORD@controller/nova
[api_database]
connection = mysql://nova:NOVA_DBPASSWORD@controller/nova_api
```

在新的[oslo_messaging_rabbit]部分输入下列内容。在这里 RABBIT_PASSWORD 是我们在本章早些时候安装 rabbitmq-server 软件包时所设置的密码。

```
[oslo_messaging_rabbit]
rabbit_host = controller
```

```
rabbit_userid = openstack
rabbit_password = RABBIT_PASSWORD
```

Oslo

　　我们在这里用到了 oslo_messaging_rabbit。Oslo 是什么呢？

　　以旨在为 OpenStack 项目带来和平的《奥斯陆和平协议》（Oslo Peace Accord）而命名的项目。Oslo 项目的创建目的是为许多 OpenStack 项目都需要的通用解决方案发展一系列共享库。例如，许多都需要解析配置文件、生成日志文件以及使用消息队列。相对于其每个项目都用自己的代码通过不同的方式实现这些目的，鼓励项目使用 Oslo。

　　随着 OpenStack 项目的不断成长，Oslo 也在成长。它们现在也包含了针对缓存、并发、策略强化、国际化特点（i18n）、数据库连接的解决方案。关于所有共享库的完整列表现已经提供，详情参见 http://governance.openstack.org/reference/projects/oslo.html。

　　在新的[keystone_authtoken]部分中添加下列内容，并使用在设置 nova 用户时被提示输入的密码替换 NOVA_PASSWORD。

```
[keystone_authtoken]
auth_uri = http://controller:5000
auth_url = http://controller:35357
auth_type = password
project_domain_name = default
user_domain_name = default
project_name = service
username = nova
password = NOVA_PASSWORD
```

　　创建一个包含有下列内容的[vnc]部分：

```
[vnc]
vncserver_listen = $my_ip
vncserver_proxyclient_address = $my_ip
```

　　在一个新的[glance]部分中，我们需要告诉它们在哪里能够找到镜像服务，在我们的案例中它们在这个系统上。

```
[glance]
api_servers = http://controller:9292
```

　　最后，添加包含有下列内容的[oslo_concurrency]部分：

```
[oslo_concurrency]
lock_path = /var/run/nova
```

现在我们需要为自己的 MySQL 数据库申请一个默认架构，这与我们之前设置 OpenStack 组件是一样的。

```
$ sudo -u root /bin/sh -c "nova-manage db sync" nova
$ sudo -u root /bin/sh -c "nova-manage api_db sync" nova_api
```

在完成这些修改后，重启所有的 nova 服务以便修改能够被检取：

```
$ sudo service nova-api restart
$ sudo service nova-consoleauth restart
$ sudo service nova-scheduler restart
$ sudo service nova-conductor restart
$ sudo service nova-novncproxy restart
```

为了测试 Nova 是否能够正确工作，可运行以下命令：

```
$ openstack compute service list
+------------------+------------+----------+---------+-------+
| Binary           | Host       | Zone     | Status  | State |
+------------------+------------+----------+---------+-------+
| nova-consoleauth | controller | internal | enabled | up    |
| nova-scheduler   | controller | internal | enabled | up    |
| nova-conductor   | controller | internal | enabled | up    |
+------------------+------------+----------+---------+-------+
```

我们可能还需要运行 `openstack endpoint list --service nova` 查看自己创建的端点。

如果这些都正常工作，那么 Nova 控制器节点已经配置成功！下面将设置其他服务器上 Nova 一侧的计算节点。

6. Neutron

在 OpenStack 部署中，配置最为复杂的部分可能是网络服务 Neutron。在本章前面部分我们已经配置了几个 OpenvSwitch 网桥和虚拟连接器，它们在此将非常重要。首先，我们需要创建一个 MySQL 数据库和用户，就如我们为其他服务所做的工作。

```
$ mysql -u root -p
> CREATE DATABASE neutron;
> GRANT ALL PRIVILEGES ON neutron.* TO 'neutron'@'%' IDENTIFIED BY
  'NEUTRON_DBPASSWORD';
> quit
```

将 Neutron 与 Keystone 身份服务器配置在一起。记住在提示输入密码时自己所输入的密码，我们在后面配置文件时需要这个密码。

```
$ source /etc/openrc.admin
$ openstack user create --domain default --password-prompt neutron
User Password:
Repeat User Password:
+-----------+---------------------------------+
```

```
| Field      | Value                            |
+-----------+----------------------------------+
| domain_id | f26f2b8ab0694a3cbbf4373486bcc3ae |
| enabled   | True                             |
| id        | fbee1a7ba7834432acdbf6675c8b4f54 |
| name      | neutron                          |
+-----------+----------------------------------+
$ openstack role add --project service --user neutron admin
$ openstack service create --name neutron --description \
  "OpenStack Networking" network
+-------------+----------------------------------+
| Field       | Value                            |
+-------------+----------------------------------+
| description | OpenStack Networking             |
| enabled     | True                             |
| id          | 213edd8459684ea1872ddb4c56040a0d |
| name        | neutron                          |
| type        | network                          |
+-------------+----------------------------------+
$ openstack endpoint create --region RegionOne network \
  public http://controller:9696
+--------------+----------------------------------+
| Field        | Value                            |
+--------------+----------------------------------+
| enabled      | True                             |
| id           | 01e6628811c84583acf8010115a0210e |
| interface    | public                           |
| region       | RegionOne                        |
| region_id    | RegionOne                        |
| service_id   | 213edd8459684ea1872ddb4c56040a0d |
| service_name | neutron                          |
| service_type | network                          |
| url          | http://controller:9696           |
+--------------+----------------------------------+
$ openstack endpoint create --region RegionOne network \
  internal http://controller:9696
+--------------+----------------------------------+
| Field        | Value                            |
+--------------+----------------------------------+
| enabled      | True                             |
| id           | fa7d9be4e9394756b33fa05429874312 |
| interface    | internal                         |
| region       | RegionOne                        |
| region_id    | RegionOne                        |
| service_id   | 213edd8459684ea1872ddb4c56040a0d |
| service_name | neutron                          |
| service_type | network                          |
| url          | http://controller:9696           |
+--------------+----------------------------------+
$ openstack endpoint create --region RegionOne network \
  admin http://controller:9696
```

```
+-------------+-------------------------------+
| Field       | Value                         |
+-------------+-------------------------------+
| enabled     | True                          |
| id          | 9fb5225b96a943189215a7dcfbbf992f |
| interface   | admin                         |
| region      | RegionOne                     |
| region_id   | RegionOne                     |
| service_id  | 213edd8459684ea1872ddb4c56040a0d |
| service_name | neutron                      |
| service_type | network                      |
| url         | http://controller:9696        |
+-------------+-------------------------------+
```

下面需要安装 Neutron 软件包。与 Nova 一样，我们需要安装一些东西：

```
$ sudo apt-get install neutron-server neutron-dhcp-agent \
  neutron-l3-agent neutron-metadata-agent neutron-plugin-ml2 \
  neutron-plugin-openvswitch-agent
```

Neutron 的基础服务

与 Nova 一样，Neutron 在标准安装时有多个服务。下面是对我们正在安装的服务的简单介绍。

- **代理**——通常运行在控制器上，并直接与 Neutron 服务器通信，以提供 DHCP、IP 转发和 NAT 等功能。它们还可作为插件的代理。
- **插件**——经常与代理进行交互，并为特定组件提供支持，如 Open vSwitch 等虚拟网络解决方案，或是为特定网络硬件提供支持，这些硬件可以是开源的也可以是专有的。
- **服务器**——监听来自队列的 API 请求并完成这些请求，或是将这些请求路由至适当的代理或插件那里进行分发并完成请求。

我们需要再次编辑配置文件。这次主要配置文件位于/etc/neutron/neutron.conf。我们需要在[DEFAULT]部分中进行下列修改或添加：

```
service_plugins = router
allow_overlapping_ips = true
api_workers = 2
rpc_workers = 2
router_scheduler_driver = neutron.scheduler.l3_agent_scheduler.ChanceScheduler
log_dir =/var/log/neutron
```

与其他配置一样，我们需要禁用参考 sqlite 的连接行，并在[database]中用 MySQL 设置对其进行替换：

```
connection = mysql://neutron:NEUTRON_DBPASSWORD@controller/neutron
```

现在，在[keystone_authtoken]部分中，我们需要进行一些编辑，让它们看起来如下所示（用在之前运行 openstack 客户端命令时设置的值替换掉 NEUTRON_PASSWORD）：

```
auth_uri = http://controller:5000
auth_url = http://controller:35357
project_domain_name = default
user_domain_name = default
project_name = service
username = neutron
password = NEUTRON_PASSWORD
auth_type = password
```

在[nova]部分中，我们需要设置 auth_type。在下列内容中，NOVA_PASSWORD 为之前设置 nova 用户时提示输入的密码：

```
auth_url = http://controller:35357
auth_type = password
project_domain_name = default
user_domain_name = default
region_name = RegionOne
project_name = service
username = nova
password = NOVA_PASSWORD
```

在[oslo_messaging_rabbit]部分中，我们需要进行更新，让其指向自己的控制器地址并通知其 Rabbit 用户和密码：

```
rabbit_host = controller
rabbit_userid = openstack
rabbit_password = RABBIT_PASSWORD
```

下一步，我们需要编辑/etc/neutron/l3_agent.ini，将 interface_driver 设置给 OVS：

```
interface_driver = neutron.agent.linux.interface.OVSInterfaceDriver
```

现在编辑/etc/neutron/plugins/ml2/openvswitch_agent.ini，将下列内容添加至[agent]部分中：

```
tunnel_types = vxlan
```

在[ovs]部分中，将 local_ip 更新为自己的 IP，设置网桥映射并启用隧道：

```
local_ip = 192.168.122.2
bridge_mappings = external:br-ex
enable_tunneling = true
```

对该文件的最后修改是为安全群组指定防火墙驱动：

```
firewall_driver = neutron.agent.linux.iptables_firewall.OVSHybridIptablesFirewallDriver
```

我们现在需要对/etc/neutron/dhcp_agent.ini 进行两次编辑：

```
interface_driver = neutron.agent.linux.interface.OVSInterfaceDriver
dnsmasq_config_file = /etc/neutron/dnsmasq.conf
```

使用下列命令创建带有两个选项设置的/etc/neutron/dnsmasq.conf 文件：

```
$ echo "dhcp-option-force=26,1450" | sudo tee /etc/neutron/dnsmasq.conf
```

下面，编辑/etc/neutron/metadata_agent.ini，添加 `metadata_proxy_shared_secret`。Nova 也使用这一 secret。我们用自己希望使用的内容替换 `something_secret`。

```
metadata_proxy_shared_secret = something_secret
```

最后，我们需要编辑的一个 Neutron 文件是针对 ml2 插件的/etc/neutron/plugins/ml2/ml2_conf.ini。该文件在`[ml2]`部分中需要进行如下定制：

```
type_drivers = vxlan,flat
tenant_network_types = vxlan
mechanism_drivers = openvswitch
```

在`[ml2_type_vxlan]`中，设置 `vni_ranges` 和 `vxlan_group`：

```
vni_ranges = 10:100
vxlan_group = 224.0.0.1
```

在重新启动服务之前，需要设置 Neutron 数据库架构：

```
$ sudo -u root /bin/sh -c "neutron-db-manage --config-file \
  /etc/neutron/neutron.conf --config-file \
  /etc/neutron/plugins/ml2/ml2_conf.ini upgrade mitaka" neutron
```

现在需要通过运行下列命令重新启动所有的 Neutron 服务：

```
$ sudo service neutron-l3-agent restart
$ sudo service neutron-metadata-agent restart
$ sudo service neutron-openvswitch-agent restart
$ sudo service neutron-dhcp-agent restart
$ sudo service neutron-server restart
```

现在离开 Neutron 配置文件，重新返回 Nova。我们需要在/etc/nova/nova.conf 中添加一个`[neutron]`部分，这个段中包含下列内容（记住 `metadata_proxy_shared_secret` 来自之前的 metadata_agent.ini）。

```
[neutron]
auth_url = http://controller:35357/v3
url = http://controller:9696
auth_plugin = v3password
project_domain_name = default
project_name = service
user_domain_name = default
username = neutron
password = NEUTRON_PASSWORD
ovs_bridge = br-int
region_name = RegionOne
timeout = 30
extension_sync_interval = 600
```

```
service_metadata_proxy = True
metadata_proxy_shared_secret = something_secret
```

重新启动所有的 nova 服务确保所有的配置修改都被检取：

```
$ sudo service nova-api restart
$ sudo service nova-consoleauth restart
$ sudo service nova-scheduler restart
$ sudo service nova-conductor restart
$ sudo service nova-novncproxy restart
```

如第 3 章中所述，我们将使用一系列 OVS 网桥进行部署。虽然其中的大部分均由 Neutron 自动设置，但是我们需要手动为外部网桥 br-ex 添加地址。

```
$ sudo ovs-vsctl add-br br-ex
$ sudo ovs-vsctl add-port br-ex eth1
```

最后一步是向 Neutron 添加网络的细节。在使用这些命令时，我们可能需要返回第 3 章重新查阅图 3-5 和图 3-6。它们将为我们提供关于这些接口和网络的详细情况。

```
$ neutron net-create ext-net --router:external \
  --provider:physical_network br-ex --provider:network_type flat \
  --shared
Created a new network:
+--------------------------+--------------------------------------+
| Field                    | Value                                |
+--------------------------+--------------------------------------+
| admin_state_up           | True                                 |
| availability_zone_hints  |                                      |
| availability_zones       |                                      |
| created_at               | 2016-05-17T02:56:07                  |
| description              |                                      |
| id                       | 3016c117-052d-44e8-8115-ce9290ccd2e6 |
| ipv4_address_scope       |                                      |
| ipv6_address_scope       |                                      |
| is_default               | False                                |
| mtu                      | 1500                                 |
| name                     | ext-net                              |
| provider:network_type    | flat                                 |
| provider:physical_network| br-ex                                |
| provider:segmentation_id |                                      |
| router:external          | True                                 |
| shared                   | True                                 |
| status                   | ACTIVE                               |
| subnets                  |                                      |
| tags                     |                                      |
| tenant_id                | 716e41286e1b46e68238508349e944fd     |
| updated_at               | 2016-05-17T02:56:07                  |
+--------------------------+--------------------------------------+
$ neutron subnet-create ext-net 203.0.113.0/24 --name ext-subnet \
  --allocation-pool start=203.0.113.5,end=203.0.113.200 --disable-dhcp \
```

```
  --gateway 203.0.113.1
+------------------+---------------------------------------------+
| Field            | Value                                       |
+------------------+---------------------------------------------+
| allocation_pools | {"start": "203.0.113.5", "end": "203.0.113.200"} |
| cidr             | 203.0.113.0/24                              |
| created_at       | 2016-05-17T02:57:39                        |
| description      |                                            |
| dns_nameservers  |                                            |
| enable_dhcp      | False                                      |
| gateway_ip       | 203.0.113.1                                |
| host_routes      |                                            |
| id               | 0329b04b-2ebf-4cf3-be96-4a00f87f1160       |
| ip_version       | 4                                          |
| ipv6_address_mode |                                            |
| ipv6_ra_mode     |                                            |
| name             | ext-subnet                                 |
| network_id       | 3016c117-052d-44e8-8115-ce9290ccd2e6       |
| subnetpool_id    |                                            |
| tenant_id        | 716e41286e1b46e68238508349e944fd           |
| updated_at       | 2016-05-17T02:57:39                        |
+------------------+---------------------------------------------+
$ neutron net-create Network1 --provider:network_type vxlan --shared
Created a new network:
+--------------------------+------------------------------------+
| Field                    | Value                              |
+--------------------------+------------------------------------+
| admin_state_up           | True                               |
| availability_zone_hints  |                                    |
| availability_zones       |                                    |
| created_at               | 2016-05-17T02:58:45                |
| description              |                                    |
| id                       | 94d79735-dd56-4f5f-bf4e-131a3b7c76dc |
| ipv4_address_scope       |                                    |
| ipv6_address_scope       |                                    |
| mtu                      | 1450                               |
| name                     | Network1                           |
| provider:network_type    | vxlan                              |
| provider:physical_network |                                   |
| provider:segmentation_id | 93                                 |
| router:external          | False                              |
| shared                   | True                               |
| status                   | ACTIVE                             |
| subnets                  |                                    |
| tags                     |                                    |
| tenant_id                | 716e41286e1b46e68238508349e944fd   |
| updated_at               | 2016-05-17T02:58:45                |
+--------------------------+------------------------------------+
$ neutron subnet-create Network1 10.190.0.0/24 --name Subnet1 \
  --allocation-pool start=10.190.0.5,end=10.190.0.254 --enable-dhcp \
  --gateway 10.190.0.1 --dns-nameserver 8.8.8.8 --dns-nameserver 8.8.4.4
```

```
Created a new subnet:
+------------------+--------------------------------------------+
| Field            | Value                                      |
+------------------+--------------------------------------------+
| allocation_pools | {"start": "10.190.0.5", "end": "10.190.0.254"} |
| cidr             | 10.190.0.0/24                              |
| created_at       | 2016-05-17T03:00:12                        |
| description      |                                            |
| dns_nameservers  | 8.8.8.8                                    |
|                  | 8.8.4.4                                    |
| enable_dhcp      | True                                       |
| gateway_ip       | 10.190.0.1                                 |
| host_routes      |                                            |
| id               | ed04966e-2f43-4fe1-9741-1e727ec2e9ef       |
| ip_version       | 4                                          |
| ipv6_address_mode |                                           |
| ipv6_ra_mode     |                                            |
| name             | Subnet1                                    |
| network_id       | 94d79735-dd56-4f5f-bf4e-131a3b7c76dc       |
| subnetpool_id    |                                            |
| tenant_id        | 716e41286e1b46e68238508349e944fd           |
| updated_at       | 2016-05-17T03:00:12                        |
+------------------+--------------------------------------------+
```

　　下一步，设置 Neutron 中的路由器（Router1），将租户网络（Subnet1）连接至提供商网络（ext-net）。

```
$ neutron router-create Router1
Created a new router:
+-----------------------+--------------------------------------+
| Field                 | Value                                |
+-----------------------+--------------------------------------+
| admin_state_up        | True                                 |
| availability_zone_hints |                                    |
| availability_zones    |                                      |
| description           |                                      |
| distributed           | False                                |
| external_gateway_info |                                      |
| ha                    | False                                |
| id                    | 7fe37ec8-a038-43a6-812c-22b3b02f87ac |
| name                  | Router1                              |
| routes                |                                      |
| status                | ACTIVE                               |
| tenant_id             | 716e41286e1b46e68238508349e944fd     |
+-----------------------+--------------------------------------+
$ neutron router-interface-add Router1 Subnet1
Added interface 2e355d24-fbe5-4186-80cc-e25a5478b6e7 to router Router1.
$ neutron router-gateway-set Router1 ext-net
Set gateway for router Router1
```

　　现在我们来确定所有的 neutron 代理都在如我们预期的那样运行：

```
$ neutron agent-list -c agent_type -c alive -c admin_state_up
+-------------------+-------+----------------+
| agent_type        | alive | admin_state_up |
+-------------------+-------+----------------+
| DHCP agent        | :-)   | True           |
| L3 agent          | :-)   | True           |
| Metadata agent    | :-)   | True           |
| Open vSwitch agent | :-)  | True           |
+-------------------+-------+----------------+
```

现在测试已创建的网络：

```
$ neutron net-list -c name -c subnets
+----------+-------------------------------------------------------+
| name     | subnets                                               |
+----------+-------------------------------------------------------+
| ext-net  | 0329b04b-2ebf-4cf3-be96-4a00f87f1160 203.0.113.0/24   |
| Network1 | ed04966e-2f43-4fe1-9741-1e727ec2e9ef 10.190.0.0/24    |
+----------+-------------------------------------------------------+
```

这表明 Neutron 已经成功安装，控制器节点配置也已经完成。

4.3.2　计算节点

计算节点比控制器节点简单许多，只需要安装一些服务即可。该配置专门用于管理实例，指令可通过运行在控制器上的服务获得。

1. Nova

首先我们将安装 nova-compute 软件包和 sysfsutils。虽然未必需要使用它们，但它们能够让我们更容易地在运行计算实例时加入所需的虚拟化工具。

```
$ sudo apt-get install nova-compute sysfsutils
```

一旦安装完成，我们将再次编辑/etc/nova/nova.conf，并进行下列修改。记住将密码更新为之前被提示输入的 Nova 用户密码，将 my_ip 设置为本计算节点 IP（再次将 192.168.122.5 作为示例）以及将 rabbit_password 设置为最初设置 openstack rabbit 用户时的密码。在下列的 enabled_apis 行中将 ec2 从表中删除。

```
[DEFAULT]
my_ip = 192.168.122.5
enabled_apis=osapi_compute,metadata
rpc_backend = rabbit
auth_strategy = keystone
use_neutron = True
firewall_driver = nova.virt.firewall.NoopFirewallDriver
[oslo_messaging_rabbit]
rabbit_host = controller
```

```
rabbit_userid = openstack
rabbit_password = RABBIT_PASSWORD
[keystone_authtoken]
auth_uri = http://controller:5000
auth_url = http://controller:35357
auth_type = password
project_domain_name = default
user_domain_name = default
project_name = service
username = nova
password = NOVA_PASSWORD
[vnc]
enabled = True
vncserver_listen = 0.0.0.0
vncserver_proxyclient_address = $my_ip
novncproxy_base_url = http://controller:6080/vnc_auto.html
[glance]
api_servers = http://controller:9292
[oslo_concurrency]
lock_path = /var/run/nova
[libvirt]
virt_type = qemu
```

完成这些修改后，重启 nova-compute：

```
$ sudo service nova-compute restart
```

返回至控制节点，我们应该能够再次运行 `service list` 命令，并查看计算主机上目前可用的计算服务（输出被省略）。

```
$ openstack compute service list
+----+------------------+----------+----------+---------+-------+------------+
| Id | Binary           | Host     | Zone     | Status  | State | Updated At |
+----+------------------+----------+----------+---------+-------+------------+
|  3 | nova-conductor   | control1 | internal | enabled | up    | 2016-05... |
|  4 | nova-consoleauth | control1 | internal | enabled | up    | 2016-05... |
|  5 | nova-scheduler   | control1 | internal | enabled | up    | 2016-05... |
|  7 | nova-compute     | compute1 | nova     | enabled | up    | 2016-05... |
+----+------------------+----------+----------+---------+-------+------------+
```

通过配置 Neutron OVS 代理，我们现在已经做好了完成本节点上的网络配置工作的准备。

2. Neutron

计算节点没有 Neutron 数据库，仅有一些可与控制器上的网络服务交互的插件。因此，首先我们要安装这些插件：

```
$ sudo apt-get install neutron-openvswitch-agent
```

在/etc/neutron/neutron.conf 文件中，在[DEFAULT]段内进行如下编辑：

```
service_plugins = router
```

在[oslo_messaging_rabbit]段中，需要对其进行更新以指向控制器地址，并通知其Rabbit用户和密码：

```
rabbit_host = controller
rabbit_userid = openstack
rabbit_password = RABBIT_PASSWORD
```

下面，编辑/etc/neutron/plugins/ml2/openvswitch_agent.ini 并向[agent]段中添加下列内容：

```
tunnel_types = vxlan
```

在[ovs]段中将 local_ip 更新为自己的 IP 并启动隧道：

```
local_ip = 192.168.122.5
enable_tunneling = true
```

对该文件的最后修改为向安全组指定 iptables 防火墙驱动：

```
firewall_driver = neutron.agent.linux.iptables_firewall.OVSHybridIptablesFirewallDriver
```

下面需要编辑/etc/nova/nova.conf 文件并将[neutron]段添加至自己的配置当中：

```
 [neutron]
auth_url = http://controller:35357/v3
url = http://controller:9696
auth_plugin = v3password
project_domain_name = default
user_domain_name = default
project_name = service
username = neutron
password = NEUTRON_PASSWORD
ovs_bridge = br-int
region_name = RegionOne
timeout = 30
extension_sync_interval = 600
```

重启 Neutron OVS 代理和计算服务以应用这些修改：

```
$ sudo service nova-compute restart
$ sudo service neutron-openvswitch-agent restart
```

4.4 管理实例

恭喜，系统正在运行一个带有 Keystone、Glance、Nova 和 Neutron 的基本 OpenStack 配置。我们可以通过命令行与它们进行交互。我们已经完成了每个组件的小测试，确认它们正在正常工作。现在到了测试将所有内容集合起来在新 OpenStack 安装并创建实例的时候了。到现在为止，我们一直在使用 openrc.admin 文件为我们的云上载管理凭证。不过，现在我们需要创建一个 testrc 文件，让其使用之前配置的测试用户。测试用户虽然无法运行一些管理员用户可以运行的命令，如 openstack user list 或 openstack endpoint list，但是却适合作为一个账户在我们启动实例并将作为用户使用 OpenStack 时使用。考虑到这一点，我们将上传测试用户环境变量：

```
$ source /etc/openrc.test
```

现在我们需要为测试用户调整默认安全群组，以便能够在新的实例中使用 SSH 和 ping：

```
$ openstack security group rule create --proto tcp \
  --src-ip 0.0.0.0/0 --dst-port 22 default
+----------------------+--------------------------------------+
| Field                | Value                                |
+----------------------+--------------------------------------+
| id                   | 9ed63108-dbc4-46fd-beaf-e1c1ddf71c14 |
| ip_protocol          | tcp                                  |
| ip_range             | 0.0.0.0/0                            |
| parent_group_id      | a861046e-9cba-4f1a-ab2c-833d7e27c122 |
| port_range           | 22:22                                |
| remote_security_group |                                     |
+----------------------+--------------------------------------+
$ openstack security group rule create --proto icmp \
  --src-ip 0.0.0.0/0 --dst-port -1 default
+----------------------+--------------------------------------+
| Field                | Value                                |
+----------------------+--------------------------------------+
| id                   | 6acfea29-5ad4-4e4d-b8f1-8f2a13cf1aa7 |
| ip_protocol          | icmp                                 |
| ip_range             | 0.0.0.0/0                            |
| parent_group_id      | a861046e-9cba-4f1a-ab2c-833d7e27c122 |
| port_range           |                                      |
| remote_security_group |                                     |
+----------------------+--------------------------------------+
```

最后，可以通过下列命令启动名为 my_first_instance 的首个实例：

```
$ openstack server create --flavor m1.tiny --image "CirrOS 0.3.4" \
  --security-group default --nic net-id=Network1 \
  --availability-zone nova my_first_instance
```

这将启动我们的首个实例。要想查看相关的细节，可以使用下列命令在一个运行实例列表中显示：

```
$ openstack server list
+-----------------+------------------+--------+----------------------+
| ID              | Name             | Status | Networks             |
+-----------------+------------------+--------+----------------------+
| 4d3f9633-fbff...| my_first_instance | ACTIVE | Network1=10.190.0.6 |
+-----------------+------------------+--------+----------------------+
```

更多细节，包括实例未能成功启动的信息，可以使用下列命令：

```
$ openstack server show my_first_instance
```

如果遇到无故结束多个有着相同名称的实例的情况，可以使用实例的 ID 来替代实例的名称。

最后，我们应当尝试通过 SSH 登录实例。机器的地址将在一个与服务器不同的网络名称空间中，因此我们必须使用从实例共享的网络名称空间进行 SSH。通过下列命令获取名称空间列表：

```
$ sudo ip netns
qdhcp-94d79735-dd56-4f5f-bf4e-131a3b7c76dc
qrouter-7fe37ec8-a038-43a6-812c-22b3b02f87ac
```

现在通过 netns exec 命令，我们将使用 qrouter 网络空间 SSH 至服务器。查看通过 openstack server list 命令获取的网络列并作为 cirros 用户 SSH 至该地址。当提示输入密码时使用默认密码 cubswin:)（右括号也是密码的一部分）：

```
$ sudo ip netns exec qrouter-7fe37ec8-a038-43a6-812c-22b3b02f87ac \
  ssh cirros@10.190.0.6
cirros@10.190.0.6's password:
$
```

带有$提示符的提示将显示在我们启动的 CirrOS 实例上。我们可浏览该文件系统，查看什么进程正在运行——不会太多！在第 6 章中，我们将学习到更多关于可使用实例做哪些事情的知识，如分配浮动 IP 地址和运行服务。在那里能够运行的所有内容都可以在这里很好地运行。我们有一个浮动 IP 地址池和许多资源可用于上传更多镜像。

最后，删除实例。这一操作必须执行：

```
openstack server delete my_first_instance
```

4.5 小结

在本章中，我们学习了如何在控制器和计算节点上配置非生产型的 OpenStack 部署。手动输入这些命令可让读者更为深刻地理解 OpenStack 服务是如何组合在一起的，当使用 DevStack 或 Puppet 等配置管理工具时这些将会被抽象化。

第二部分　部署

在接下来的几章中，将为读者提供多种类型的 OpenStack 部署示例。每种部署都基于一系列的真实场景。我们会详细描述这些场景，同时提供小规模地创建一个部署的指导。

第 5 章

部署的基础

进入这被施了魔法的森林，你们谁敢。
——乔治·梅瑞狄斯[1]，*The Woods of Westermain*

如之前所讨论的那样，OpenStack 部署由一系列组合起来的组件组成。除了这些组件，在多数安装中还要使用一些关键的服务。所有的安装都需要 Keystone 提供的身份服务。大多数部署，包括在随后几章中展示的部署都需要 Neutron 提供的网络服务、Nova 提供的计算服务和 RabbitMQ 队列服务。

本章包括如何配置身份、网络、计算和队列的基础，让读者能够继续使用 Puppet 搭建余下的基础设施。

5.1 系统要求

对于系统配置，需要满足与第 4 章相同的要求，即需要一个作为控制器节点的单一系统（虚拟的或物理的）和一个作为计算节点的单一系统。

我们推荐 OpenStack 双系统基本设置的最低要求如下：

- 控制器节点——1 个 64 位处理器、4 GB 内存、30 GB 存储和 2 个网卡（NIC）。

我们还需要准备好一个计算节点：

- 计算节点——1 个 64 位处理器、2 GB 内存、20 GB 存储和 1 个网卡（NIC）。

---

① 乔治·梅瑞狄斯（George Meredith），英国维多利亚时代的小说家、诗人。——译者注

为什么我们需要两个节点？

读到这里或是其他部分读者会发现，生产型 OpenStack 云的最低配置为两个节点，为什么呢？

- **扩展性**——OpenStack 部署的一些部分很自然地要扩展至一个单一机器以外，如计算节点。计算节点是虚拟机的主机，随着用户的不断增长以及不断需要更多的资源，计算节点是用户经常需要的节点。控制器节点可以很容易地处理这些额外计算节点的功能。

- **高可用性**——在成熟的生产型 OpenStack 环境中，用户希望自己的机器具有高可用性（HA）。通过将首个部署作为双节点部署，用户已经在架构上进行了逻辑分割，这使得它们具有了高可用性。用户可能希望有一个几乎相同的冗余控制器节点，但是又不希望或不需要在其他的节点中以相同的速度进行冗余。

- **安全性**——尽管服务隔离在安全性上并不是灵丹妙药，但还是有作用的。在所有类型的实例中，提先权限是一个常见的弱点。通过将它们放在单独的机器上保护其他服务非常重要。

如果读者正在配置计算节点，并希望启动两个以上的小型计算实例，就需要提供更多的资源。记住，在虚拟化案例中，也需要为主机系统预留一些资源。

> **小心**
>
> 在本书中，我们使用的 OpenStack 默认配置让具有 HTTP 访问能力的仪表盘（Horizon）可从任意地址被访问。许多 API 端点也具有被访问的能力。尽管需要身份认证，但是我们要求读者修改过于简单的默认密码。
>
> 出于安全考虑，在最初作为展示设置它们时，应当考虑这些系统要使用局域网（LAN），不允许从外部进行 SSH 或 HTTP 访问。网络对于 OpenStack 新手来说非常复杂，读者需要确认自己正在一个可信任的环境中。
>
> 如果读者选择使用云系统或是其他可以进行公共访问的服务器而不是本地虚拟机或硬件，请在使用 OpenStack 时紧绷安全这根弦，利用标准的 Linux 访问控制和防火墙，采取适当的预防措施。记住，对于提供商来说，默认允许 SSH 和 HTTP 访问权限非常普遍，而这恰恰是需要保护的。

5.1.1　参考部署

我们在第 4 章提到，本书提供了一个参考部署，其使用一对利用 KVM 的虚拟化节点。这部分内容可在附录 A 中找到。如果读者没有偏爱的虚拟化技术，或是正在努力让任意组件都在我们的场景中使用，那么我们建议从这个参考部署开始。

5.1.2 网络

网络与我们在第 4 章中设置的一样，此前我们已在第 3 章中进行了深度介绍。在本章中，大部分配置将通过 Puppet 完成。如果读者使用的是虚拟化环境，那么仍需要在虚拟机运行的主机上设置网络。关于如何做这一工作，可查阅第 4 章。

作为一个速成培训，需要为控制器节点准备两个网络，一个用于分配给实例的"公共"地址，另一个用于其他别的内容。计算节点将仅在后一个网络上。

5.1.3 选择部署机制

如在第 2 章所学习的一样，通过写一个 shell 脚本部署 OpenStack 在技术上是可行的。但是除了部署工作外，以这种方式运行 OpenStack 并不受到支持。由于 OpenStack 有许多内部互联的组件，因此这种安装方式非常难以使用和维护。即便作为部署工具，维护 DevStack 项目也需要一个完整的贡献团队。

OpenStack 社区提供了 Puppet、Chef 和 Ansible 等多个部署 OpenStack 的解决方案。

常用的部署机制

运维人员可使用下列开源资源部署 OpenStack。每一个都由一个擅长部署技术的专业团队负责维护。多个团队还维护着这些基础部署工具的开源版和专有版的插件。

在 OpenStack 软件库中，网址为 https://git.openstack.org/cgit/openstack，还可以找到这些配置管理工具的官方部署。

- **Puppet**——Puppet 将用于本书中的所有练习。OpenStack 的 Puppet 社区管理着针对 OpenStack 每个组件的模块。Puppet 存储库前缀有"puppet-"。
- **Chef**——OpenStack 中的 Chef 社区贡献者维护着 OpenStack 组件的"cookbook"。Chef 存储库前缀有"chef-"。
- **Ansible**——OpenStack 的 Ansible playbook 称为 OpenStack Ansible 部署（OSAD），位于 openstack-ansible 项目中。多个相关的项目都有前缀"openstack-ansible-"。

关于使用这些或其他工具部署 OpenStack 的更多详情参见附录 B。

在雇用厂商部署基础设施时，许多厂商都将提供的部署机制作为他们的"附加价值"。这些定制的解决方案的范围涵盖了从完全开源的到完全专有的，因此在与厂商合作时搞清楚许可协议非常重要。

本章和后续几章将展示如何使用 Puppet，利用由社区维护的 OpenStack Puppet 模块和 Ubuntu Cloud Archive 中的 OpenStack 软件包部署 OpenStack。这些工作可以帮助读者学习到现有部署的类型，以及文件是如何移动的。在为生产做好准备时，公司可以选择不同的部署和维护机制。另外，读者可在附录 B 中学习到更多关于其他可用的配置选项以及利用 OpenStack 进行编排的知识。

5.2　初始设置

有了合适的硬件或虚拟资源，我们需要对自己的服务器进行一些初始配置。这其中包括 Ubuntu 14.04 的安装和 Puppet 配置的设置。

我们应当从在服务器上安装 Ubuntu 14.04 LTS 服务器版开始。

> **提示**
>
> 在安装时，尽可能地使用最基本的配置。我们推荐在安装程序上使用默认值，但是有两个例外。在磁盘分区界面，应当选择 "Guided - use entire disk"，因为不需要 LVM（Linux 卷管理）。其次，在 Software 选择界面，需要选择 OpenSSH 服务器，这样可以通过 SSH 登录系统。

一旦完成了这两个 Ubuntu 14.04 系统的安装，需要完成所有升级并重启系统。在重启后重新进入服务器，还需要安装 Git 来下载设置和配置 Puppet 所需要的文件。

```
$ sudo apt-get update
$ sudo apt-get dist-upgrade
$ sudo reboot
$ sudo apt-get install git
```

在服务器上配置 Puppet 需要通过一个特别为本书精心制作的 GitHub 存储库中的内容完成。本书中使用的 GitHub 存储库可访问 https://github.com/DeploymentsBook。

在这个存储库中有一个脚本。该脚本安装了所需的 Puppet 组件，并使用 r10k Puppet 部署工具安装了额外的依赖项。为了在活动中看到这些内容，我们需要克隆这个 puppet-data 存储库，然后运行设置脚本。

```
$ git clone https://github.com/DeploymentsBook/puppet-data.git
$ cd puppet-data/
```

以下为 setup.sh 脚本中的内容，在后面我们需要运行它们。它们将设置我们的 Puppet 环境。

```
#!/bin/bash

sudo apt-get update
sudo apt-get install -y puppet
sudo gem install --no-rdoc r10k
```

```
sudo cp -a * /etc/puppet
sudo service puppet restart

cd /etc/puppet
sudo r10k puppetfile install -v info
```

现在让我们运行这个脚本。它们应当作为用户运行，因为它们将根据需要调用 sudo。

```
$ ./setup.sh
```

运行设置脚本将会花费几分钟时间，因为它们需要从 Ubuntu 存储库中下载 Ruby gems 和所需的软件包。完成后，我们将得到一个由 Puppet 驱动的环境。随后，我们就可以开始在这个环境中运行此场景。

5.3 选择组件

我们已经在第 1 章中对本书中出现的 OpenStack 组件进行了概述。下面将介绍，每个组件在我们的场景中是如何使用的。

5.3.1 身份（Keystone）

Keystone 身份服务用于本书中的每一个场景，其在 OpenStack 中提供了身份验证与访问管理。Keystone 组件将被添加至用户与之交互的所有项目，因此可设置并强制执行访问控制。读者可以参阅第 4 章，那一章详细介绍了如何通过项目、域、角色、用户和用户组进行访问控制。

作为身份服务，Keystone 可与流行的身份验证机制整合在一起，如包括活动目录（Active Directory）在内的各种 LDAP。

身份与身份验证

在处理用户时，Keystone 遇到的一个重要且经常被混淆的问题是"身份"（identity）和"身份验证"（authentication）的概念。

"身份"指识别谁正在访问特定的云资源，通常为用户。

"身份验证"指审查用户是否为他们所自称的用户。这通常通过用户的登录类型进行审查，用户由 Keystone 亲自管理，或是交由 LDAP 等后端进行管理。

这些组件协同工作形成访问管理或授权，以确定哪些经过身份验证的身份有权访问组件。

5.3.2 数据库（MySQL）

OpenStack 大多数组件，以及本书场景中使用的所有组件都使用了一个数据库以存储部署的许多配置值。我们强烈推荐读者使用大多数生产型部署都使用的数据库，如 MySQL 或 MariaDB。

本书中所有的场景都使用 MySQL。

5.3.3 消息队列（RabbitMQ）

作为在 OpenStack 中的高级消息队列协议（AMQP）框架，RabbitMQ 为一个默认选择，也是运维人员的主流选择。与 MySQL 一样，这个组件并不是 OpenStack 的一部分，而是一个独立的开源项目。读者可以访问 http://www.rabbitmq.com/学习更多关于 RabbitMQ 的知识。

在 OpenStack 中使用队列使得服务可以正确地彼此通信。如果出现延时，或是在需求之间需要进行负载平衡，那么它们可以对操作进行规划、对管理依赖关系进行管理以及任务可以进行安全地存储。例如，当请求为运行的实例增加一个浮动 IP，该请求将放入队列当中。包括 Neutron 和 Nova 在内的多个 OpenStack 服务随后将会与这一请求进行交互，以进行验证、分配并将修改应用到实例。需要注意的是，来自相同项目的多个服务将使用这一消息总线彼此对话，但是在项目边界服务使用的是 REST API。

除了 Swift 对象存储外，本书中所有的 OpenStack 场景都需要排队。

5.3.4 网络（Neutron）

为了给我们场景中定义的大多数节点准备网络，我们的示例将使用 Neutron 的"网络即服务"配置网络。如第 1 章中对 Neutron 的简介和第 3 章中对 Neutron 的深度介绍，Neutron 支持多种设置，以涵盖众多的网络选项。不过对于我们的场景，我们将仅进行一个基本部署。

本书中的所有 OpenStack 场景都需要由 Neutron 驱动的网络。

通过 Neutron 探索一些可能性

随着 nova 网络逐步被淘汰出 OpenStack 项目，Neutron 承诺将在网络方面为运维人员带来多种选项，并内置在 OpenStack 中。

如今，许多插件，无论是开源的还是专有的，都为此提供了一些东西，其中包括：

- **防火墙、负载平衡器和 VPN 即服务**——3 种不同的组件均为 Neutron 的扩展，并带来了一些最为想要的服务，这些组件的未来部署已经被提出

来讨论;

- **开源、厂商特定的驱动和代理**——从思科至 vSphere VMware 驱动,在开源
  存储库中可获得许多正在被厂商测试的开源驱动和代理,每一个都确定支
  持什么功能,这为我们可能所处的网络生态环境提供了最直接的支持;
- **专利、厂商特定的**——许多收费的 OpenStack 部署厂商也有自己的驱动和
  代理。如果我们通过付费部署,那么可能会遇到这类问题。

在考虑驱动时,需要注意其中一些是与 Neutron 一起交付的,还有一些是分开
打包的。读者可访问 http://www.openstack.org/marketplace/drivers,学习更多关于
OpenStack 驱动的知识。

5.3.5 计算(Nova)

针对我们的场景,为了在两个服务器之间提供服务隔离,第 1 章中概述过的计算组件被分
解开来。

在控制器节点上,将有 nova-conductor、调度器、api 和 api-metadata 守护进程。在实例运
行的计算节点上,仅有一个 nova-compute。这种隔离为了将享有特权的控制器与用户运行的实
例以及虚拟化技术可能会带来的权限提升漏洞进行分离。

与队列和网络一样,该计算节点将用于我们的所有场景。

5.3.6 镜像(Glance)

当我们想在 OpenStack 中启动一个实例,首先要做的一件事是选择自己希望使用哪种操作
系统。Glance 拥有这些镜像并让用户可以获得它们。Glance 本身在我们的本地磁盘或存储背板
(storage backplane)中存储有元数据和镜像

在我们的场景中,镜像服务将提供一个默认的本地 CirrOS 镜像。在下一章中,我们还将添
加 Ubuntu Server 14.04(在写入时间方面,由于 Ubuntu 16.04 刚刚发布,我们还没有时间对其
进行测试)。

5.3.7 仪表盘(Horizon)

无论是作为用户还是管理员,Horizon 仪表盘都为与我们的 OpenStack 部署交互提供了一个
友好的、基于 Web 的界面。我们的所有部署场景都有一个作为组件的仪表盘。

5.4   基础场景

既然我们设置了基本的环境，那么我们将对基础场景进行设置。这个场景为一个基本的 Puppet 模块，我们创建这个模块用于部署一个简单的 OpenStack 控制器。这个基础将在随后的所有几章中使用。

5.4.1   控制器节点

为了配置控制器节点，我们首先需要熟悉默认的 Hiera common.yaml 文件。Hiera 为一个存储键/值组合的工具。该组合随后可被 Puppet 引用。在这些部署场景中，我们对默认的 OpenStack Puppet 模块所做的全部修改都将存储在这个 common.yaml 文件中。

我们将使用的 Hiera common.yaml 文件与之前运行的 setup.sh 脚本都放置在自己的文件系统中。读者可在/etc/puppet/hiera/common.yaml 路径找到该文件，用自己偏爱的文本编辑器打开文件，在文件中使用 sudo 和下列指令添加自己的 IP 地址、密码、令牌和应当修改的秘密事项，保存文件。

> **小心**
>
> 不要忽略编辑 hiera/common.yaml。
>
> 控制器和计算节点的 IP 地址必须设置以配置我们自己的环境。如果读者没有设置这些变量，那么 Puppet 将会失败并出现错误。默认的 127.0.0.1 不能用于多节点安装。
>
> 注意，还要更新密码。记住，这些默认的认证凭证存在于完全公开的 Git 存储库中。

完成这些修改后，最后运行一些命令以应用 Puppet 清单。这个 Puppet 清单将为我们安装基础性组件。

```
$ sudo puppet apply /etc/puppet/modules/deployments/manifests/role/foundations.pp
```

这个命令的运行可能会花上一些时间。在它们运行后，我们将可以看到许多描述 Puppet 正在做什么的输出。

> **再次运行 puppet apply**
>
> puppet apply 命令可以被运行多次。如果读者因设置需要对 Hiera common.yaml 进行修改，或者在运行期间遇到一些问题，如没有因特网访问权限或其他问题，读者可能需要再次运行该命令。
>
> 尽管不应该出现，但是如果读者遇到了一些导致部署场景失败的错误，可以使用--debug 标志在调试模式中运行 Puppet 命令。这会提供更详细的输出，它们能

够帮助读者确定哪里出了问题。

通过这一标志，我们可以使用以下命令：

```
$ sudo puppet apply --debug /etc/puppet/modules/deployments/manifests/
role/ foundations.pp
```

这将提供大量的输出。我们可以使用 pipe 和 tee 将输出导出到一个文件，并在 STDOUT 中显示它们：

```
$ sudo puppet apply --debug \
/etc/puppet/modules/deployments/manifests/role/ foundations.pp | \
tee ~/puppet_apply_foundations.log
```

这些命令将在我们的主目录中创建一个 puppet_apply_foundations.log，以便于随后进行浏览。

在它们运行时，可以看一下 foundations.pp Puppet 角色中包含的内容。

```
$ cat /etc/puppet/modules/deployments/manifests/role/foundations.pp
class deployments::role::foundations {
  include deployments::profile::base
  include deployments::profile::glance
  include deployments::profile::horizon
  include deployments::profile::keystone
  include deployments::profile::nova
  include deployments::profile::neutron
  include deployments::profile::rabbitmq
  include ::mysql::server
}

include deployments::role::foundations
```

表面上非常简单，但是我们将更加深入其中以解释它们是如何工作的。

Puppet 角色、配置文件和模块

OpenStack Puppet 社区维护着一系列用于部署 OpenStack 的开源 Puppet 模块。这些模块将在本书中使用。这些模块为共享的配置工具，它们具有足够的通用性，所有类型的机构和公司都可以共享它们。它们被上传至读者的部署中，作为一系列构建模块以创建读者希望的部署场景。我们还使用了托管在 GitHub 上的高级"部署"，其中包含了我们的角色和配置文件。

我们将使用 Puppet 角色和配置文件以组织 OpenStack Puppet 模块的 Puppet 配置。通过使用角色和文件，我们能够创建一系列文件。这些文件定义了特定的服务器（角色），其中包含的一些内容与配置文件中被定义的很相似。这些文件实际上是将模块整合到了一起。如读者在 foundations.pp 中所能够看到的那样，它们包括了诸如我们将在所有场景中使用的"base"等配置文件。

通过观察它们的被包含方式，读者可以发现在配置当中我们的部署模块和其他模块内部的角色和配置文件之间的不同。尽管如此，角色与配置文件之间的不同之处不仅仅在于它们的名称上。角色为 "business-logic" 定义，其中包含了配置文件。配置文件为包含了模块的执行定义。

我们部署模块中的角色声明如下：

```
include deployments::role::foundations
```

我们可以查看包含在 foundations.pp 中的这一角色。为让它们能够被更容易地使用，这个角色的 puppet 文件包含了其自身。

配置文件声明也与之相似，但是使用了 `deployments::profile` 前缀：

```
include deployments::profile::uca
```

最后，当调用我们部署模块之外的模块（或模块组件）时，我们可以看到如下内容：

```
include ::openstacklib::openstackclient
```

关于更多角色、配置文件和模块的知识，读者可访问 https://docs.puppet.com/ 查阅 Puppet 官方文档。目前有多个关于它们的有价值的文章和博客帖子。由于它们过时得很快，读者可以使用自己喜欢的搜索引擎搜索最新的内容。

1. 配置文件

这些配置文件每个都配置一个不同的 OpenStack 部署组件。我们可以深入研究每个配置文件以学习它们是如何配置的。

（1）基础配置文件。这一基础配置文件在我们的所有部署当中共享。

```
$ cat /etc/puppet/modules/deployments/manifests/profile/base.pp
class deployments::profile::base {
  include deployments::profile::openrcs
  include deployments::profile::uca
  include ::ntp
  include ::openstacklib::openstackclient
  # add an alias to /etc/hosts to ensure sudo works
  host { $::hostname:
    ip => $::ipaddress,
  }
}
```

它们设置了 openrc 文件。在本章的后几节，我们将把 openrc 文件作为凭证，以运行我们的 OpenStack 客户端命令。我们将添加网络时间协议（NTP）配置，让时间能够与我们的系统保持同步，并将进行 OpenStack 客户端安装。Uca 配置文件配置了 Ubuntu Cloud Archive（UCA）。如第 1 章中所述，我们使用 UCA 是为了让我们正在使用的 Ubuntu Long Term Support 14.04 版获得最新的 OpenStack 发行版 Mitaka。对该配置文件的深度探讨显示存在一个对$release 进行定义的段。这个段来自于 Hiera common.yaml 文件，并在那里将其设置为 mitaka。

```
$ cat /etc/puppet/modules/deployments/manifests/profile/uca.pp
# Ubuntu Cloud Archive
class deployments::profile::uca (
  $release,
  $repo,
) {
  include ::apt

  class { '::openstack_extras::repo::debian::ubuntu':
    release         => $release,
    repo            => $repo,
    package_require => true,
  }

  Apt::Source<||> -> Package <||>
}
```

最后被包含的段为 OpenStack 客户端（OSC）。我们将把其放在我们的所有系统上，因此读者可以在自己所在的任何系统上与 openrc 凭证一起运行 OSC 命令。这是一个称为 openstacklib 的外部模块，但该模块并不是我们部署模块的一部分。

（2）Glance 配置文件。这是一个针对 Glance 镜像服务的配置文件。我们在这里会得到一些非常有意思的配置选项。

```
$ cat /etc/puppet/modules/deployments/manifests/profile/glance.pp
class deployments::profile::glance(
  $cirros_version = '0.3.4',
) {
  include ::glance
  include ::glance::api
  include ::glance::registry
  include ::glance::keystone::auth
  include ::glance::backend::file
  include ::glance::db::mysql
  include ::glance::notify::rabbitmq

  glance_image { 'cirros':
    location        => "https://download.cirros-cloud.net/${cirros_version}/cirros-$
{cirros_version}-x86_64-disk.img",
    name            => "Cirros ${cirros_version}",
    is_public       => 'Yes',
    container_format => 'bare',
    disk_format     => 'qcow2',
  }
}
```

这一命令调用 OpenStack Glance 模块，并将其拉入各种组件。在我们的配置文件中，我们将做一些决定，以确定我们的这一基本配置将如何工作。我们将为 Glance 拉入 API 和 Registry。随后，我们将确认有针对 Glance 设置的 Keystone 和 MySQL，以与我们现有的

Keystone 和 MySQL 服务进行交互。Puppet 将让这一工作变得非常容易。如果读者喜欢 refresher,可以在第 4 章查看如何手动设置它们。最后,我们还要使用存储后端 "file",其为 Glance 默认的后端类型,意味着它们将在文件系统中存储镜像。默认情况下,它们存储在 /var/lib/glance/images/,我们可以在这里找到上传至 Glance 的镜像。Glance 还有一个使用 OpenStack Object Storage 服务(Swift)或 Amazon S3 等不同后端的选项。在安装中,我们有 一个单独的经过配置的镜像,这是一个被称之为 CirrOS 的非常小、非常简单且基于 Linux 的 操作系统。正如所看到的那样,这一配置文件定义了哪个 CirrOS 版本将在 Glance 中作为我们 的最初镜像使用,以及关于它们的各种细节。

如果读者对 Mitaka 版本的 OpenStack Glance 模块的更多详细情况感兴趣,那么可以在自己 的节点文件系统中或在线浏览它们。

- **文件系统**——/etc/puppet/modules/glance/。
- **在线**——https://git.openstack.org/cgit/openstack/puppet-glance/tree/?h=stable%2Fmitaka。

(3)Horizon 配置文件。由于运行仪表盘不需要上游 puppet 模块以外的特殊代码,因此 Horizon 仪表盘配置文件非常简单。

```
$ cat /etc/puppet/modules/deployments/manifests/profile/horizon.pp
class deployments::profile::horizon
{
  include ::apache
  include ::horizon
}
```

它们运行的是 Apache,因此需要拉入一个通用的 Apache 模块,因为它们也需要 OpenStack Horizon 模块。

如果读者对 Mitaka 版本的 OpenStack Horizon 模块的更多详细情况感兴趣,那么可以在自 己的节点文件系统或在线浏览它们。

- **文件系统**——/etc/puppet/modules/horizon/。
- **在线**——https://git.openstack.org/cgit/openstack/puppet-horizon/tree/?h=stable%2Fmitaka。

(4)Keystone 配置文件。Keystone 身份配置文件将让情况再次变得复杂。

```
$ cat /etc/puppet/modules/deployments/manifests/profile/keystone.pp
class deployments::profile::keystone {
  include ::apache
  include deployments::profile::users
  include ::keystone
  include ::keystone::cron::token_flush
  include ::keystone::roles::admin
  include ::keystone::endpoint
  include ::keystone::db::mysql
  include ::keystone::wsgi::apache
  }
}
```

由于 Keystone 使用 WSGI 运行这一服务，因此它们也需要 Apache 模块和特定的 keystone::wsgi::apache 类。此外，它们还拉入了多个其他的 Keystone Puppet 模块组件，包括定时任务、管理角色信息和端点配置。最后，在读者编辑 hiera/common.yaml 为管理员和测试用户修改密码时，它们将定义 deployments::profile::users 带来的内容。

> **注意**
>
> 在第 4 章中，读者可能会想起我们是通过 Fernet 令牌配置 Keystone 的。在这里，社区推荐正在成为趋势，并且在手动部署中也容易实现。尽管如此，对 Fernet 令牌的支持近期已经在 Kilo 版本中有一定的体现。在 OpenStack 中，它们还没有成为默认配置。对于以 Puppet 驱动的部署场景来说，我们仍将使用当前的默认配置——UUID 令牌。

如果读者对 Mitaka 版本的 OpenStack Keystone 模块的更多详细情况感兴趣，那么可以在自己的节点文件系统中或在线浏览它们。

- **文件系统**——/etc/puppet/modules/keystone/。
- **在线**——https://git.openstack.org/cgit/openstack/puppet-keystone/tree/?h=stable%2Fmitaka。

（5）Nova 配置文件。Nova 计算控制器的配置文件很长，但是相对容易理解。

```
$ cat /etc/puppet/modules/deployments/manifests/profile/nova.pp
class deployments::profile::nova
{
  include ::nova
  include ::nova::api
  include ::nova::db::mysql
  include ::nova::db::mysql_api
  include ::nova::conductor
  include ::nova::consoleauth
  include ::nova::keystone::auth
  include ::nova::network::neutron
  include ::nova::rabbitmq
  include ::nova::scheduler
  include ::nova::scheduler::filter
  include ::nova::vncproxy

  $nova_deps = ['websockify']
  package { $nova_deps:
    ensure => 'latest',
    before => Service['nova-novncproxy']
  }
}
```

它们拉入了多个控制器专用组件。这些组件是运行控制器节点上计算管理服务后端工作所需的组件。读者在后面将会看到它们不同于我们在计算节点上安装的东西。它们将处理一个与 websockify 相关的问题，而这个问题在本书出版时还没有解决。

如果对 Mitaka 版本的 OpenStack Nova 模块的更多详细情况感兴趣，那么可以在自己的节点文件系统中或在线浏览它们。

- 文件系统——/etc/puppet/modules/nova/。
- 在线——https://git.openstack.org/cgit/openstack/puppet-nova/tree/?h=stable%2Fmitaka。

（6）Neutron 配置文件。Neutron 网络配置文件有几个基本的组件，不过它们有几个代码段需要进行一些检查。

```
$ cat /etc/puppet/modules/deployments/manifests/profile/neutron.pp
class deployments::profile::neutron(
  $extnet_device = hiera('extnet_device', 'eth1'),
  $bridge_uplinks = hiera('bridge_uplinks'),
  $bridge_mappings = hiera('bridge_mappings'),
)
{
  include ::neutron
  include ::neutron::client
  include ::neutron::server
  include ::neutron::db::mysql
  include ::neutron::keystone::auth
  include ::neutron::plugins::ml2
  include ::neutron::agents::metadata
  include ::neutron::agents::l3
  include ::neutron::agents::dhcp
  include ::neutron::server::notifications

  exec { "${extnet_device} up":
    command     => "ip link set ${extnet_device} up",
    path        => '/sbin',
    user        => 'root',
    refreshonly => true,
  }

  file { "/etc/network/interfaces.d/${extnet_device}.cfg":
    content   => "auto ${extnet_device}\niface ${extnet_device} inet manual\n",
    mode      => '0644',
    owner     => 'root',
    group     => 'root',
  }

  $dnsmasq_conf_content = hiera('dnsmasq_conf_contents',undef)
  if $dnsmasq_conf_content != undef {
    file { '/etc/neutron/dnsmasq.conf':
      owner     => 'root',
      group     => 'neutron',
      mode      => '0644',
      content   => $dnsmasq_conf_content,
      notify    => Service['neutron-server'],
      require   => Package['neutron-server'],
    }
  }

  Neutron::Plugins::Ovs::Bridge<| |> ~> Exec["${extnet_device} up"]
```

```
$network_hash = hiera_hash('neutron_network', false)
if $network_hash {
  create_resources('neutron_network', $network_hash)
}

$subnet_hash = hiera_hash('neutron_subnet', false)
if $subnet_hash {
  create_resources('neutron_subnet', $subnet_hash)
}

$router_hash = hiera_hash('neutron_router', false)
if $router_hash {
  create_resources('neutron_router', $router_hash)
}

$router_interface_hash = hiera_hash('neutron_router_interface', false)
if $router_interface_hash {
  create_resources('neutron_router_interface', $router_interface_hash)
}

class { '::neutron::agents::ml2::ovs':
  bridge_mappings => $bridge_mappings,
  bridge_uplinks => $bridge_uplinks,
}
}
```

读者会看到一些关于网络、子网 hashe 和路由器的网络专用信息。在更新 heira/common.yaml 文件时,读者可能会对它们进行编辑。我们还需要在控制器上配置第二个以太网接口(eth1)和处理网桥。

如果读者对 Mitaka 版本的 OpenStack Neutron 模块的更多详细情况感兴趣,那么可以在自己的节点文件系统中或在线浏览它们。

- 文件系统——/etc/puppet/modules/neutron/。
- 在线——https://git.openstack.org/cgit/openstack/puppet-neutron/tree/?h=stable%2Fmitaka。

(7)RabbitMQ 配置文件。RabbitMQ 队列配置文件是这些配置文件中最简单的一个。它们可以包含在其他地方,但是我们把它们作为了一个独立的配置文件,以防对该服务有添加或调整的需求。

```
$ cat /etc/puppet/modules/deployments/manifests/profile/rabbitmq.pp
class deployments::profile::rabbitmq
{
  include ::rabbitmq
}
```

RabbitMQ 队列配置文件使用的是通过 setup.sh 安装的 RabbitMQ Puppet 模块对 RabbitMQ 进行设置和安装。读者将在 hiera/common.yaml 中设置 rabbit_password。该文件还将用于处理由 RabbitMQ 部署定义的多个其他配置选项。

2. 测试控制器节点

在完成之前的 `puppet apply` 命令后，我们需要运行一些测试命令以确认所有的内容都已正确创建并运行正常。让我们从一些 MySQL 基础功能开始。默认密码和主机名称存储在 root 用户的~/.my.cnf 文件中，我们可以运行下列命令查看 Glance、Keystone、Neutron 和 Nova 的数据库是否已被创建。在这些示例命令中，我们纳入了一些示例输出，虽然它们并不完成匹配，但是可以给我们一些需要注意的提示。

```
$ sudo -H mysql -e "show databases;"
+--------------------+
| Database           |
+--------------------+
| information_schema |
| glance             |
| keystone           |
| mysql              |
| neutron            |
| nova               |
| performance_schema |
+--------------------+
```

我们可能还需要检查列表，也就是为 Glance 创建的列表。

```
$ sudo -H mysql "-e show tables;" glance
+---------------------------------+
| Tables_in_glance                |
+---------------------------------+
| artifact_blob_locations         |
| artifact_blobs                  |
| artifact_dependencies           |
| artifact_properties             |
| artifact_tags                   |
| artifacts                       |
| image_locations                 |
| image_members                   |
| image_properties                |
| image_tags                      |
| images                          |
| metadef_namespace_resource_types |
| metadef_namespaces              |
| metadef_objects                 |
| metadef_properties              |
| metadef_resource_types          |
| metadef_tags                    |
| migrate_version                 |
| task_info                       |
| tasks                           |
+---------------------------------+
```

这一命令还可以用于 Nova、Neutron 和 Keystone 数据库，查看它们的列表。

下面，让我们看一下 OpenStack 服务对测试用户的正确响应。为此，我们首先需要从测试用的 openrc 文件中拉入凭证，然后运行每个命令。

> **提示**
>
> 随着对 OpenStack 命令的探索，我们知道它们经常会提供大量的细节。在本书中我们已经尽力让它们清晰易读，但是读者仍需要努力地阅读它们。在这些命令当中，许多命令的命令输出都按章节排序存储在一个脚本和配置的 GitHub 存储库内，具体网址为 https://github.com/ DeploymentsBook/scripts-and-configs。

```
$ source /etc/openrc.test
$ openstack flavor list
+----+-----------+-------+------+-----------+-------+-----------+
| ID | Name      |  RAM  | Disk | Ephemeral | VCPUs | Is Public |
+----+-----------+-------+------+-----------+-------+-----------+
| 1  | m1.tiny   |   512 |    1 |         0 |     1 | True      |
| 2  | m1.small  |  2048 |   20 |         0 |     1 | True      |
| 3  | m1.medium |  4096 |   40 |         0 |     2 | True      |
| 4  | m1.large  |  8192 |   80 |         0 |     4 | True      |
| 5  | m1.xlarge | 16384 |  160 |         0 |     8 | True      |
+----+-----------+-------+------+-----------+-------+-----------+

$ openstack network list -c ID -c Name
+--------------------------------------+----------+
| ID                                   | Name     |
+--------------------------------------+----------+
| aacadd44-a9fd-4fa9-9ed2-984c547c1539 | ext-net  |
| cd293246-5f09-4232-8e96-d70091234c66 | Network1 |
+--------------------------------------+----------+

$ openstack image list
+--------------------------------------+-------------+
| ID                                   | Name        |
+--------------------------------------+-------------+
| cdf2c591-3b16-4bd1-9bde-a2568e738492 | Cirros 0.3.4 |
+--------------------------------------+-------------+
```

既然已经确认了测试用户工作正常，那么我们可以运行两个只有管理员可以运行的命令，先要对 admin rc 文件执行 `source` 命令，以便使用正确的凭证：

```
$ source /etc/openrc.admin
$ openstack role list
+----------------------------------+--------------+
| ID                               | Name         |
+----------------------------------+--------------+
| 38e23d9c84eb46049286976efb93bdee | admin        |
| 9fe2ff9ee4384b1894a90878d3e92bab | _member_     |
| cc9de53b69f648569e3d9e280efed4da | SwiftOperator |
+----------------------------------+--------------+
```

```
$ openstack user list
+----------------------------------+---------+
| ID                               | Name    |
+----------------------------------+---------+
| 067124f883ac49c3882fa2d09b1a9504 | glance  |
| 33c4b093cf0a48dfbf631a89689d3577 | admin   |
| 84fb1b3cba484f40bf653c312f2a6277 | nova    |
| 88572a2961c6441d95bcb1fd79804f49 | neutron |
| f7faf7ea833c4ddf8c12fcf8875f3eec | test    |
+----------------------------------+---------+
```

最后，确认 Open vSwitch（OVS）工作正常。下列命令的输出应类似于以下带有网桥 br-int、br-ex 和 br-tun 的输出：

```
$ sudo ovs-vsctl show
f5b2d445-6c9d-42b7-88c6-1e9de1cbfdac
    Bridge br-int
        fail_mode: secure
        Port br-int
            Interface br-int
                type: internal
        Port int-br-ex
            Interface int-br-ex
                type: patch
                options: {peer=phy-br-ex}
        Port patch-tun
            Interface patch-tun
                type: patch
                options: {peer=patch-int}
        Port "tapb3517edc-72"
            tag: 1
            Interface "tapb3517edc-72"
                type: internal
        Port "qr-584feae2-79"
            tag: 1
            Interface "qr-584feae2-79"
                type: internal
    Bridge br-tun
        fail_mode: secure
        Port patch-int
            Interface patch-int
                type: patch
                options: {peer=patch-tun}
        Port "vxlan-c0a87abf"
            Interface "vxlan-c0a87abf"
                type: vxlan
                options: {df_default="true", in_key=flow, local_ip="192.168.122.9", out_
key=flow, remote_ip="192.168.122.191"}
        Port br-tun
            Interface br-tun
                type: internal
```

```
Bridge br-ex
    Port phy-br-ex
        Interface phy-br-ex
            type: patch
            options: {peer=int-br-ex}
    Port "qg-576e3418-87"
        Interface "qg-576e3418-87"
            type: internal
    Port br-ex
        Interface br-ex
            type: internal
    Port "eth1"
        Interface "eth1"
ovs_version: "2.5.0"
```

在进行了更新安装或是节点重启后，OVS 有时候无法正常运行。这是一个已知的 OVS 漏洞。尽管我们在生产中并不愿意无规划地进行重启，但是重启 OVS 服务可以解决这个问题：

```
$ sudo service openvswitch-switch restart
```

现在我们需要登录 Horizon 仪表盘，可以通过 Web 浏览器导航至控制器的 IP 地址打开它们。如果读者使用的是附录 A 中的参考部署，可在运行控制器和计算 VM 的主机中访问仪表盘；否则，读者需要确保运行浏览器的机器能够访问控制器正在使用的 IP 地址。

> **提示**
>
> 哪个 IP 地址？控制器有两个网卡，但是仅有一个网卡有我们可以导航到的地址。这个地址是分配给 eth0 的地址。在安装控制器时，可对这个地址进行分配。

在进入登录界面（见图 5-1）时，我们需要使用"test"用户名登录，测试密码为在编辑 hiera/common.yaml 文件时创建的密码。

图 5-1　Horizon 仪表盘登录页面

如果所有的这些命令都正常工作，那么恭喜你！现在有了一个正在运行的控制器节点。如果出现错误，首先返回并检查配置，确保没有遗漏的步骤。如果不起作用，参见 5.4.3 节，从中寻找一些资源来帮助进行调试。

现在需要设置另一个服务器，即计算节点。

5.4.2　计算节点

我们现在创建一个计算节点。计算节点将成为我们所创建的全部计算实例的主机。和我们讨论的一样，对于安全和性能来说，保持计算节点与运行 OpenStack 时使用的所有工具处于隔离状态非常重要。我们将采取与配置控制器类似的方式配置计算节点。首先，编辑位于 /etc/puppet/hiera/common.yaml 的默认的 Hiera common.yaml 中的几个变量。通过 sudo 打开常用的文本编辑器，然后做一些与之前在控制器文件中相同的修改。最后保存文件。

> **提醒**
>
> 　　不要遗漏对 hiera/common.yaml 的编辑。这些值需要与在控制器上使用的值同步。此外，默认值不仅容易被猜出来，并且存储在一个公共 Git 存储库中。

完成这些修改后，我们可以在计算节点上运行下列命令以应用 Puppet 清单。Puppet 清单将为我们安装基础组件。

```
$ sudo puppet apply /etc/puppet/modules/deployments/manifests/role/foundations_
compute.pp
```

与控制器一样，可以考虑使用带有 --debug 标志的 puppet apply 命令，以更为详细地查看正在发生什么。总之，这一命令需要花上一些时间来运行。在它们运行的同时，可以查看一下 foundations_compute.pp Puppet 角色中包含什么。

```
class deployments::role::foundations_compute {
  include deployments::profile::base
  include deployments::profile::compute
}
include deployments::role::foundations_compute
```

这是一个比基础角色简单得多的角色，其中仅包含了基本配置文件，之前讨论过的控制器和计算配置文件。

1.　计算配置文件

我们知道的第一件事情是控制器有一个 "Nova" 配置文件并且这个模块有一个 "计算配置文件"。这一命名用于区别安装在控制器上的工具，以操作集中管理的 Nova 计算和节点所需的服务。虽然计算节点仅简单地运行虚拟机和做一些有限的网络工作，但是它们从运行在控制器上的服务那里接受指令。看一下计算配置文件的内部，能够看到它们是不同于控制器上的 Nova 配置文件的。

```
$ cat /etc/puppet/modules/deployments/manifests/profile/compute.pp
class deployments::profile::compute
{
  include ::nova
  include ::nova::compute
  include ::nova::compute::libvirt
  include ::nova::compute::neutron
  include ::nova::network::neutron
  include ::neutron

  class { '::neutron::agents::ml2::ovs':
    bridge_uplinks    => undef,
    bridge_mappings   => undef,
    enable_tunneling  => hiera('neutron::agents::ml2::ovs::enable_tunneling'),
    tunnel_types      => hiera('neutron::agents::ml2::ovs::tunnel_types'),
    local_ip          => hiera('neutron::agents::ml2::ovs::local_ip'),
  }
}
```

这一配置文件拉入了一个非常有限的组件子集。这些组件是运行计算节点所必需的，尤其是使用 libvirt 处理单个计算守护进程（::nova::compute）。Open vSwitch 的 Neutron Modular Layer 2（ML2）插件是针对网络配置的。它们用于配置实例流量所需的隧道。

2. 测试计算节点

以下既可以在控制器上也可以在计算节点上运行。在验证方面，它们使用的是 OpenStack 命令行客户端，通过 openrc 凭证询问被定义的 API。我们将与测试用户共同执行这些命令，因为这一用户账户有能力创建实例。

```
$ source /etc/openrc.test
$ openstack image list
+--------------------------------------+-------------+
| ID                                   | Name        |
+--------------------------------------+-------------+
| cdf2c591-3b16-4bd1-9bde-a2568e738492 | Cirros 0.3.4 |
+--------------------------------------+-------------+
$ openstack flavor list
+----+-----------+-------+------+-----------+-------+-----------+
| ID | Name      | RAM   | Disk | Ephemeral | VCPUs | Is Public |
+----+-----------+-------+------+-----------+-------+-----------+
| 1  | m1.tiny   | 512   | 1    | 0         | 1     | True      |
| 2  | m1.small  | 2048  | 20   | 0         | 1     | True      |
| 3  | m1.medium | 4096  | 40   | 0         | 2     | True      |
| 4  | m1.large  | 8192  | 80   | 0         | 4     | True      |
| 5  | m1.xlarge | 16384 | 160  | 0         | 8     | True      |
+----+-----------+-------+------+-----------+-------+-----------+
```

列出的 CirrOS 镜像为用于启动实例的镜像。CirrOS 是一个非常基本的、以云为重点的 Linux 镜像。它们被设计用于运行基本的文件系统、网络和最基本的默认 Linux 服务。镜像本身只有

13 MB，能够很容易地与最小的默认 OpenStack flavor（m1.tiny，512 MB 的 RAM 和 1 个 VCPU）一起运行。我们需要使用"m1.tiny"flavor 和 Network1。这一工作可通过下列命令完成。

```
$ openstack server create --image "Cirros 0.3.4" --flavor m1.tiny --nic net-id=Network1 ferret
+-------------------------------------+------------------------------------------------------+
| Field                               | Value                                                |
+-------------------------------------+------------------------------------------------------+
| OS-DCF:diskConfig                   | MANUAL                                               |
| OS-EXT-AZ:availability_zone         |                                                      |
| OS-EXT-STS:power_state              | 0                                                    |
| OS-EXT-STS:task_state               | scheduling                                           |
| OS-EXT-STS:vm_state                 | building                                             |
| OS-SRV-USG:launched_at              | None                                                 |
| OS-SRV-USG:terminated_at            | None                                                 |
| accessIPv4                          |                                                      |
| accessIPv6                          |                                                      |
| addresses                           |                                                      |
| adminPass                           | p3dqssrBRKW8                                         |
| config_drive                        |                                                      |
| created                             | 2016-01-08T18:14:48Z                                 |
| flavor                              | m1.tiny (1)                                          |
| hostId                              |                                                      |
| id                                  | cad9a045-85c4-4ec0-9dc4-a1d5bf65e5e4                 |
| image                               | Cirros 0.3.4 (cdf2c591-3b16-4bd1-9bde-a2568e738492)  |
| key_name                            | None                                                 |
| name                                | ferret                                               |
| os-extended-volumes:volumes_attached| []                                                   |
| progress                            | 0                                                    |
| project_id                          | 995f2fb58e9541fba9fcdce515557ffc                     |
| properties                          |                                                      |
| security_groups                     | [{u'name': u'default'}]                              |
| status                              | BUILD                                                |
| updated                             | 2016-01-08T18:14:48Z                                 |
| user_id                             | b1cfddd9f26e495dade526d025af28ad                     |
+-------------------------------------+------------------------------------------------------+
```

这一输出表明，它们正在创建一个名称为"ferret"的实例。我们可通过运行下列命令查看创建进程。

```
openstack server list
+--------------------------------------+--------+--------+------------------------+
| ID                                   | Name   | Status | Networks               |
+--------------------------------------+--------+--------+------------------------+
| cad9a045-85c4-4ec0-9dc4-a1d5bf65e5e4 | ferret | ACTIVE | Network1=10.190.0.16   |
+--------------------------------------+--------+--------+------------------------+
```

openstack server show ferret 命令可以显示更多的细节。如果状态是 ACTIVE，我们可以马上删除这一实例。在后面几章中，我们可以创建具有不同规范的新实例，并可与它们共同工作。

```
$ openstack server delete ferret
```

这一命令在执行时没有输出。我们可以再次运行 `openstack server list` 命令以确认它们是否被删除。

现在有了一个正常工作的计算和控制器节点，也就有了在后面几章中部署场景的基础。

3. 在仪表盘上启动测试实例

为进行一个可视化程度更高的测试，我们需要使用 CirrOS 镜像启动一个非常简单的实例。虽然这与我们在第 2 章中所做的工作非常相似，但是我们的程序还是经过了一些简化，没有了密钥对。

通过非管理用户完成实例的启动。非管理用户作为"test"默认在 hiera/common.yaml 中，密码为我们自己设定的密码。

登录至 Horizon 仪表盘，在左边栏中选择实例。这时会显示系统正在运行的实例列表。如果是首次登录，那么这个列表应该是空的。在屏幕的右上方，会看到一个 Launch Instance 按钮。单击这个按钮会出现 Launch Instance 的介绍，我们需要对其中的一些字段进行填写。重新更新这些字段的意思，可以参见第 2 章中的内容。

- **实例名称**——test-instance（或选择自己的）。
- **可用区**——nova。
- **实例数量**——1。

完成填写后，单击 Next，进入 Source 界面，如图 5-2 所示。在该界面中单击列表中 Cirros 0.3.4 镜像右边的+按钮，将其移动至 Allocated。

图 5-2 选择 source 镜像的 Horizon 仪表盘

再次单击 Next 进入 Flavor 界面。与 Source 界面一样，读者需要单击自己希望分配的 Flavor 右边的+。对于这个实例，使用 m1.tiny。然后单击 Next 进入最后一个需要设置的界面，Networks。

如图 5-3 所示，在这个实例中我们需要使用 Network1。单击 Available 列表中 Network1 右边的+标记将其移动至 Allocated。

图 5-3   Network1 被分配给实例

记住，Network1 是针对本地流量的，ext-net 用于添加对本地网络以外的流量的支持。仅有 Network1 的地址可以直接分配给实例。

在设置好网络后，我们可以单击 Launch Instance 按钮创建自己的实例。Launch Instance 窗口将关闭，同时我们可以看到列表中实例的 Status，其中包括 Building 和 Active 等状态。如果处于活跃状态，我们需要查看实例列表的最后一栏，并在 Actions 栏中选择 Console（见图 5-4）。

图 5-4   从 Actions 栏中选择 Console

这将在独立的窗口中显示 Console，我们可以进行登录。控制台无法对输入进行响应的现象非常常见，因此我们可能需要选择并单击页面顶端的选项，只显示控制台以与控制台进行交互。控制台会出现以何种方式进行登录的说明，在 CirrOS 镜像中默认为：

```
"login as 'cirros' user. default password: 'cubswin:)'. use sudo for root."
```

按照说明进行登录。我们随后可能需要确认自己的实例获得了一个 IP 地址。在图 5-5 的示例中，ip addr 命令将显示 IP 地址为 10.190.0.7 的 eth0。下一个命令为 ping -c 4 10.190.0.1，该命令将 ping 网关地址 4 次，以确认本地网络正在正常工作。

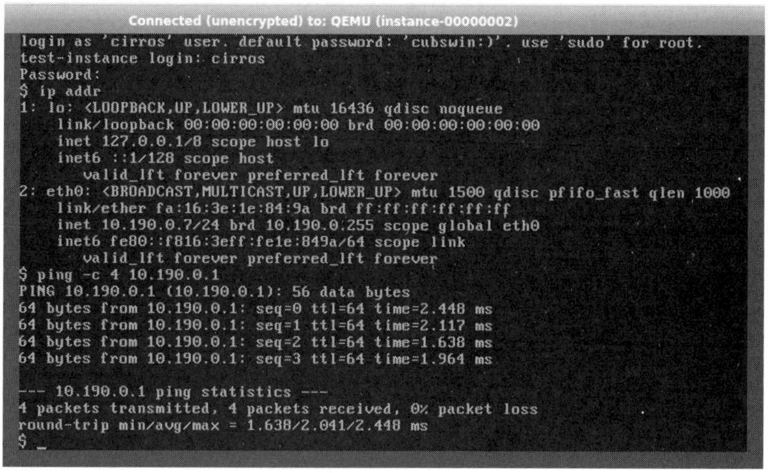

图 5-5　CirrOS 启动之初与连接性检查

如果全部成功，那么恭喜，你正在 OpenStack 上运行一个实例。在这些基础都设置得当的情况下，我们现在已经做好了继续前往首个部署场景的准备。

如果出现了一些问题，那么下一章节将帮助读者排除故障。

5.4.3　故障排除

OpenStack 有许多活动部分，因此一个部署中可能会有许多东西出现错误。尽管我们已经在多种配置下对其进行了测试，但是还有可能会在环境中出现遗漏的步骤或事件，从而导致出现错误。以下是我们收到的一些提示，可帮助读者查找出问题。

- 重新阅读本章并检查一下配置，确保没有遗漏的步骤。在配置过程中很容易遗漏一些东西。此外，检查一下输入的密码是否正确。
- 在运行 Puppet 期间查找错误。它们可能会指示出一些具体的问题，如软件包安装问题、启动服务问题或是与 OpenStack 服务的通信问题。
- 浏览 GitHub 中的 puppet-deployments 存储库内的 README.md 文件。我们正在维护一个常见问题列表，地址为 https://github.com/DeploymentsBook/puppet-deployments/blob/master/README.md。
- 阅读附录 F，从 OpenStack 社区寻求帮助。

- 如果读者使用的是自己的配置，那么可能需要阅读附录 A，查找一个正常工作的虚拟
  化示例。读者可以转而使用这一示例，或是将它们作为一个正常工作的参考以调试当
  前的部署。

最后，第 13 章包括了运维人员在尝试部署 OpenStack 时遇到的许多常见问题。查看一下这
些常见问题可能会有价值，看看自己是否正在遇到其中列出的问题。第 13 章还将为读者介绍如
何查看 OpenStack 日志，并从中发现错误。在查找问题时，这一练习非常有价值。

5.5   小结

本章介绍了一些基础，在后面几章中部署各种 OpenStack 场景时，将会参照这些基础。在
阅读后续章节时，读者需要重新查阅这些说明。此外，我们还讨论了如何在部署场景中使用
Keystone、Neutron、Nova、Horizon、Glance、消息队列和数据库。

第 6 章

私有计算云

> 这村子是城堡的产业，谁在这里居住或过夜，
> 谁就在一定意义上可以说是在城堡里居住或过夜。
> 没有伯爵的许可，谁也不可以这样做。
>
> ——弗兰兹·卡夫卡[①]

在 OpenStack 的初期，这一技术最常见的用法是快速为开发者提供服务器实例，让开发者能够迅速为自己的想法创建一个原型。进入私有云计算，公司会使用基础设施即服务（IaaS）类型的 OpenStack 部署。如今，私有云计算对于许多公司来说仍然是一种流行的部署类型。它们不断发展并包含了公司开发和生产基础设施的虚拟化解决方案的所有替代方案。

在本章中，我们将重点关注通过基本的、暂时的（临时的）虚拟机在公司内部交付的原始计算机能力（处理器和 RAM）。我们将深入研究常见的私有云计算的关键组件，包括如何使用 Nova、Keystone 和 Horizon。

6.1　使用

OpenStack 社区成员每 6 个月会在一个峰会中聚会。峰会中的主题演讲通常是 OpenStack 社区中的主要参与者，或是由使用 OpenStack 的受邀参与公司发表。虽然 OpenStack 出现的时间不长，但为用户提供计算力为重点的私有部署是一个常见的示例。

不同类型的公司对私有计算云的需求原因也各不相同。一些公司正在寻求灵活的基础设施

[①] 弗兰兹·卡夫卡（Franz Kafka），生活于奥匈帝国统治下的捷克小说家，本职为保险业职员。主要作品有小说《审判》、《城堡》、《变形记》等。与法国作家马塞尔·普鲁斯特、爱尔兰作家詹姆斯·乔伊斯并称为西方现代主义文学的先驱和大师。——译者注

以管理现有虚拟化环境，还有一些公司正寻求管理私有计算云上的行政负担。

6.1.1　政府机构

在一次峰会中，一个重要的美国政府部门展示了如何使用 OpenStack 为那些寻求尝试新想法的开发者提供按需访问的虚拟机池。在 IT 领域，在使用 OpenStack 之前，预先配置服务器是一项人力密集型工作。在开发领域，开发者必须要填报完成大量文书并获得多个层级的批准才能获得一个预先配置好的服务器，这个过程可能需要花上数周或是数月时间。在服务器配置好后，他们甚至可能已经记不起来自己当初的想法，或是这个想法已经过时了。为了减轻 IT 的工作负担，他们尝试着寻求一种自助式按需且可进行 API 访问的弹性解决方案。

为了适应自己的需求，他们选择了 OpenStack。在两周内，团队即可获得一个拥有多个用户且可正常工作的原型。下一步是让团队进入一个正式的实验室，在这里他们可以访问公司内部的生产数据。最后一步是让团队进入到更为正式的生产中，在这里他们可以更为密切地观察自动化、安全性、用户创建和通过现有公钥基础设施的验证。最终，这将降低人员需求和 IT 工作负担，用户对灵活性将会有更好的体验。拥有一个通用且易于复制的基础设施也可增强开发者与部门之间的共享能力。

6.1.2　主要公司

在另一次峰会上，一家主要的汽车制造商成为了亮点。这家汽车制造商介绍了他们现有的物理与虚拟基础设施。他们编写了自己的云软件管理虚拟化服务器，但是当开始遇到一些问题后，他们尝试着转向具有更高可维护性的基础设施。他们既需要保留在过去所用数据中心上的云环境的自动化、标准化和灵活性等优势，同时还需要能够完全理解和控制。

OpenStack 还向他们提供了稳定的 API 和保持开源的承诺，这样可避免许可证和厂商强制增加成本所带来的问题。此外，由于在公司内部拥有了许多人才并且已经编写了自己的基础设施，他们选择自己进行测试和部署而不是让外部专业的 OpenStack 公司来完成这些工作。是使用公司内部的专业人才，还是与提供专业的 OpenStack 私有云解决方案和支持的公司合作？这一选择让 OpenStack 作为开源云技术的领导者脱颖而出。

通过私有的 OpenStack 部署，他们能够在内部云上编写自己的应用。

6.2　系统要求

这个实践涉及我们在第 5 章中创建的两个节点。我们应当有两个可用的虚拟机或是物理服务器并且至少具有该章当中定义的最低配置。如果读者希望启动更多的小型实例，需要在自己的计算节点上有更多的资源。记住，在虚拟化的情况下，还需要为主机系统留下一些资源。

选择组件

在后面的几章中，我们将面临一系列 OpenStack 部署选项。希望在自己的环境中使用什么组件，这些部署选项可让我们做出一个明智的决定。

关于这一部署，我们将使用一个非常基本的 OpenStack 部署（见图 6-1）。我们将安装下列组件：

- 计算（Nova）；
- 身份（Keystone）；
- 网络（Neutron）；
- 镜像服务（Glance）；
- 仪表盘（Horizon）。

图 6-1　基本的双系统 OpenStack 部署的组件

6.3　场景

我们将探索的 OpenStack 部署场景是一个最简单的部署场景。正如解释的那样，它们仅使用我们在第 5 章中安装的服务，不添加额外的服务。这一简单的部署可完成以下工作。

- 添加一个新的 flavor 以定义资源（RAM、磁盘等），在部署实例时可以对 flavor 进行选择。
- 向镜像服务添加一个新的磁盘镜像。
- 使用磁盘镜像创建实例，并测试私有网络。
- 添加一个公共的浮动 IP 地址让实例可从外部访问。
- 在实例上安装并运行公共访问服务。

我们将通过使用仪表盘（Horizon）和 OpenStack 客户端（OSC）命令行这两种方式来完成这些工作。

6.3.1　启动实例：仪表盘

使用 OpenStack 仪表盘（Horizon）是开始使用 OpenStack 的最简单的方式。它们提供了可视化的 OpenStack 环境。尽管功能不如命令行客户端那样全面，但是它们拥有 OpenStack 环境与实例的基本管理和操作的所有功能。

与我们在前面几章中所看到的一样，仪表盘可通过使用 Web 浏览器导航至控制器的 IP 地址的方式打开。如果读者使用的是附录 A 中的参考部署，那么可在自己运行控制器和计算虚拟机的主机上打开仪表盘；否则需要确保运行浏览器的机器能够访问控制器正在使用的 IP 地址。

1. 添加 flavor

flavor 定义了 RAM 和（根、临时和交换）磁盘的大小，以及分配给实例的 VCPU 数量。默认情况下会有几个已经被定义的 flavor，它们对于大多数部署都非常有用（见图 6-2）。这些 flavor 可完全自定义。为了添加 flavor，需要作为管理用户登录。

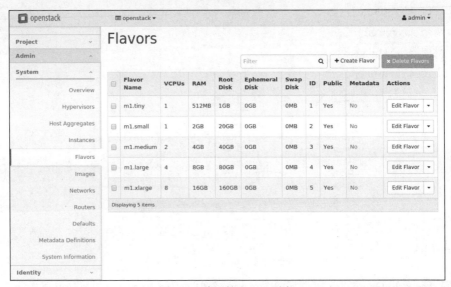

图 6-2   默认的 flavor 列表

注意

由于我们部署的最低系统要求非常低，因此读者无法使用所有默认的 flavor。

如果读者熟悉 Linux 文件系统，那么这个列表中的大部分列都非常直白：VCPU 为来宾的处理器数量，RAM 为内存，Root Disk 为存储，也就是带有根文件系统的基础镜像被复制到的地方，Swap Disk 为系统上的交换空间。将 flavor 设置为公共意味着系统上的所有项目都可以获得。这个不太显眼的列中包含了 Ephemeral Disk。这是一个额外的、短暂或临时性存储，在实例被终止时会马上消失。如果读者正在运行一个 Web 前端，而这个前端连接一个独立的后端或是正在从外部数据库获得数据进行数据处理，那么可能就属于这种情况。Metadata 列为一个连接，可让读者跳转至一个窗口。在这个窗口中，读者可以为每种资源规定更细小的细节，如规定磁盘 I/O 的偏好参数以及关于 CPU 和内存分配与使用量的偏好参数。

为了创建自己的定制化 flavor，我们首先需要为自己的 flavor 起个名字。在这个示例中，使用的名称为 m1.smaller。单击表单右上方的 Create Flavor 会跳出添加 flavor 的窗口。我们需要填写的字段如图 6-3 所示。注意这些字段只接受整数，不能为小数。

- **Name**：m1.smaller。
- **ID**：auto。
- **RAM(MB)**：768。
- **Root Disk(GB)**：5。
- **Ephemeral Disk(GB)**：0。
- **Swap Disk(MB)**：0。

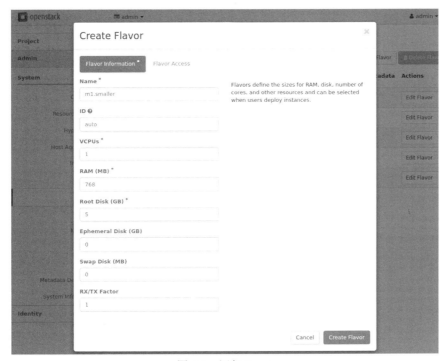

图 6-3　添加 flavor

这些值被添加后，我们就可以单击 Flavor Access 标签查看哪些项目被赋予了 flavor 的访问权限。如果我们对有访问权限的项目进行了修改，它们会将我们的 flavor 从 Public 修改为 Private。我们需要让这一 flavor 保持公共状态。单击 Create Flavor，新的 flavor 将与其他的 flavor 一起在列表中显示。

在下一章节中，我们将与上传的镜像一起使用这一 flavor。所有的后续修改都将通过测试账户完成，因此我们现在可以登出管理账户。

2．添加镜像

以测试用户身份登录仪表盘。该用户将用于添加镜像和启动实例的后续工作。

目前，上传至 OpenStack 的唯一镜像是 CirrOS 镜像。虽然该镜像非常适合进行功能测试，但是无法利用它们做更多的工作。我们将上传新的镜像至可用的镜像服务（Glance），而不是继续使用这一镜像。

　　由于为部署基础使用的是 Ubuntu，因此我们能够继续使用 Ubuntu 14.04 镜像。读者需要下载针对 64 位计算机的 Cloud 镜像（可与 QEMU 和 KVM 联用的 QCOW2 磁盘镜像文件）。浏览该镜像可访问 https://cloud-images.ubuntu.com/releases/。

　　在我们编写这本书时，14.04.4 为 14.04 版的最新版本。在该目录中向下查找，直到找到 14.04 镜像列表。读者需要的文件 URL 为 ubuntu-14.04-server-cloudimg-amd64-disk1.img 名称的文件。读者可以将该镜像下载至正在运行 Web 浏览器的机器上，或是使用 URL 将该镜像直接从 URL 导入至镜像服务。

> **提示**
>
> 　　如果自行下载镜像。在下载镜像时，从位于相同目录的 MD5SUMS 文件中获取.img 文件的 md5sum。对下载的镜像运行 md5sum 命令以确认 sum 的匹配。

　　在仪表盘中，导航至左边菜单中 Compute 下的 Images。在右上方，选择 Create Image 会弹出添加镜像至镜像服务的窗口。在这个窗口中，需要填写下载字段，如图 6-4 所示。

- **Name**：Ubuntu 14.04 Server。
- **Image Source**：Image Location。
- **Image Location**：来自 cloud-images.ubuntu.com 的 https URL。
- **Format**：QCOW2—QEMU Emulator。
- **Minimum Disk(GB)**：5。
- **Minimum RAM(MB)**：768。

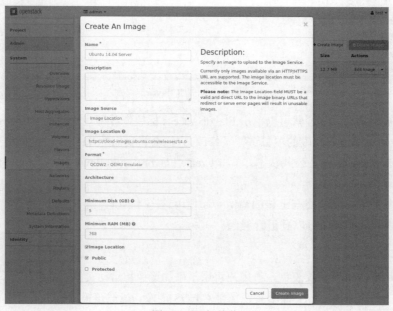

图 6-4　添加镜像

填完这些值后，现在可以选择 Create Image，将这个镜像添加于镜像服务。由于我们使用的是 Image Location，保存镜像可能会需要几分钟。这是因为需要下载大小约为 220 MB 的.img 文件，以便其能够被导入至服务中。在镜像下载完成后，读者会看到 Status 栏变成了 Active。现在它们已经可以使用了。

3. 启动前的访问与安全

在启动 Ubuntu 实例前，我们需要做一些准备工作以确保在启动时实例可以访问并可以使用。在 Compute 下的左边菜单中，选择 Access & Security。在这里需要编辑两个地方。

第一个需要编辑的是 Security Groups。在这里需要编辑一个默认群组。Security Groups 用于过滤网络流量。默认情况下，它们仅有一些规则。这些规则允许流量流出，同时阻止流量流入。这意味着在当前默认规则下，无法 ping 或 SSH 实例，而这正是我们想要的。我们还需要添加一个规则，以允许在后面设置 Web 服务器时 TCP 流量通过 80 端口。在开始时需要允许 ICMP 能够 ping 系统，如图 6-5 所示。可以创建一个仅允许 ping 的定制的 ICMP 规则，而非在 Rule 下拉菜单中选择允许所有 ICMP 流量。完成这一工作需要使用下列值。

- **Rule**：Custom ICMP Rule。
- **Direction**：Ingress。
- **Type**：8。
- **Code**：0。
- **Remote**：CIDR。
- **CIDR**：0.0.0.0/0。

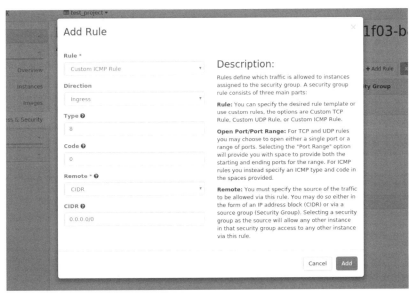

图 6-5　添加 ICMP ping

Type 和 Code 没有什么新意，它们来自对 ICMP 信息进行了定义的 RFC 792。通过其他的选项设置，我们将允许来自任何地方的流量 ping 我们的实例。单击 Add 将它们添加至规则列表中。

需要添加的另外两个规则相对更容易一些，因为它们有已经被加载的默认配置。从主窗口中再次单击 Add Rule，当 Add Rule 窗口出现后，浏览 Rule 下拉菜单中的列表并选择 HTTP。所有的设置都保持默认并添加该规则。SSH 也是一样。这些都是需要向 Security Group 添加的，读者还需要知道如何针对实例调整规则。注意，我们编辑的是默认的安全群组，它们是实例将要使用的内容，除非读者指定其他的内容。针对实例类型创建多个安全群组很常见。Web 服务器需要授予对 HTTP 的访问权限，但如果读者正在运行一个 MySQL 服务器，那么可能需要关闭 HTTP，并仅允许流量至 3306 端口。

> **提示**
>
> 　　在使用 Security Groups 的实例正在运行时，可以对 Security Groups 进行修改。新规则将被实时应用至运行的系统当中。

完成 Security Groups 后，下一步是返回至左边菜单中的 Access & Security，然后选择 Key Pairs，其将会上传 SSH 密钥。通过添加的 SSH 密钥，能够 SSH 至服务器（以获得支持 SSH 的镜像，其中包括 CirrOS 和 Ubuntu）。读者可能需要返回第 2 章回顾一下这一程序。

如果熟悉 SSH 并拥有自己的 SSH 密钥（通常是在用户主目录中，默认名为.ssh/id_rsa.pub），那么可选择通过 Import Key Pair 选项导入该密钥，如图 6-6 所示。这一窗口还介绍了如何使用 ssh-keygen 生成读者自己的密钥。我们推荐读者使用窗口中所介绍的方法。在完成给密钥对命名（我将其命名为 elizabeth-desktop）并贴出自己的公钥后，可以单击 Import Key Pair 将密钥添加至列表。

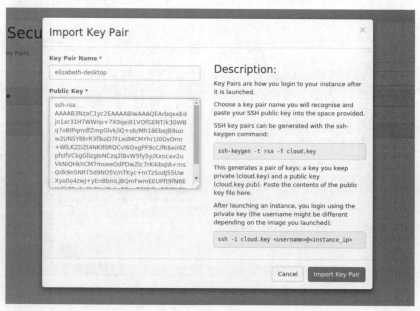

图 6-6　导入密钥对

此外，如果想通过界面创建一个密钥，那么还可以使用 Create Key Pair 选项。其将注册读者的公钥，并让我们下载一个.pem 文件。这个.pem 文件为我们的私钥，在后面登录时将会用到。

> **小心**
>
> 不要遗失这个密钥！在安装系统时将会用到这个密钥。如果遗失了这个密钥，那么将无法进入实例。它们是不可恢复的，即便是管理员也不行。

4. 启动实例

现在后台任务已经完成，可以着手启动实例了。

和在第 5 章中启动 CirrOS 基本一样，我们将使用一个相似的程序启动 Ubuntu 实例。通过 Compute 的左边面板导航至 Instances。单击 Launch Instance 会弹出一个窗口，让我们逐步对实例的选项进行配置。如果不是 chinchilla 的粉丝，可以随意选择 Instance Name，否则需要选择以下内容并单击 Next。

- **Instance name**：chinchilla。
- **Availability Zone**：nova。
- **Instance Count**：1。

随后在出现的窗口中可选择镜像 Source。通过单击位于 Available 镜像列表中实例名称右边的+，选择 Ubuntu 14.04 Server。这将把它们移至 Allocated。单击 Next 将会弹出 Flavor 窗口。

在 Flavor 窗口中，如图 6-7 所示，我们需要再次选择一个选项。通过单击 Available flavor 右边的+，选择在本章早些时候创建的 m1.smaller flavor。在这个窗口中，读者可能会注意到在 m1.tiny 旁边会有一些黄色的警告标志。这些警告读者所选的镜像不适合这一 flavor。单击 Next 前往 Networks 窗口。在这里，我们需要让 Network1 成为 Allocated 网络。记住，ext-net 只能用于浮动 IP 地址，在这里是无法使用的。

图 6-7　启动实例，Flavor 窗口

在单击 Launch Instance 之前，导航至 Security Groups。如果创建了一个新的交换机，而不是使用默认的交换机，那么单击 Key Pair 并单击密钥对旁边的+，将其移至 Allocated，如图 6-8 所示。

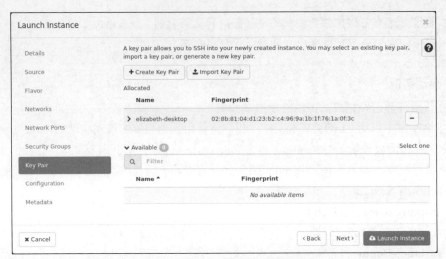

图 6-8　启动实例，Key Pair 窗口

读者还可以浏览 Network Ports、Configuration 和 Metadata 窗口，这些窗口在后面可能会派得上用场。如果不使用定制的镜像，通常是使用 Configuration 窗口添加脚本以创建一些初始用户，或是引导配置管理环境。对于这个实例，我们不会修改这 3 个窗口中的任何选项，读者只需单击 Launch 启动自己的实例。

我们现在可以看到实例进入 Spawning 阶段。当实例处于可用状态时，State 将变成 Active。如果想查看在启动时实例上发生了什么，可转至 Actions 栏，从下拉菜单中选择 View Log 查看生成的日志。

根据系统的速度，实例完全启动起来并显示登录提示需要几分钟的时间。作为参考，我的系统启动花了大约 10 min，程序在描述网络配置的窗口停顿了一下。启动后，控制台将显示一个带有以下内容的窗口：

```
Ubuntu 14.04.4 LTS chinchilla ttyS0
chinchilla login:
```

提示

OpenStack 实例是从哪里得到"chinchilla"作为主机名称的？读者在定义自己创建的实例时就已经赋予了它们这个名称。在 OpenStack 计算中，这个名称用于指代实例。此外，它们还用于设置机器的主机名。通过使用 cloud-init 可完成这一设置。

cloud-init Python 工具为一套功能强大的脚本和实用程序。

在这里，还可以从 Log 窗口导航至 Console 与系统进行交互。这个镜像没有默认的密码。读者需要使用 SSH 登录至机器。后面我们将会对此进行探讨。

5. 添加浮动 IP 地址

默认情况下，在我们的配置中，系统将有一个由运行在控制器上的 DHCP 服务（dnsmasq）分配的私有地址。如果使用我们提供的默认配置，那么这个地址在 10.190.0.0/24 地址段内。这个地址用于实例间的通信，如果读者正在做内部工作并且仅希望让两个实例彼此通信，而不想让它们到更广阔的网络中，那么它们非常具有价值。

为了让实例能够访问外部世界，我们需要为它们分配一个来自公共提供商网络的浮动 IP 地址。在性质上，浮动 IP 地址能够根据需要从一个实例转移至另外的实例上。如果删除了实例，那么浮动 IP 地址将会被退回至地址池，以供其他的实例使用。注意，实例是无法控制或管理浮动 IP 地址的。这些工作是通过外部管理的。在实例内部运行 `ip addr` 命令时，它们不会出现任何提示。

在我们的配置中，浮动 IP 地址来自 203.0.113.0/24 地址段。注意，这并不是一个真实的公共 IP 地址段。同样，这个地址仅可被网络上的系统访问，前提是它们共享了这个地址段中的一个地址。

私有地址与公共地址

OpenStack 能否默认给予实例一个公共地址，而非指定一个私有地址？

完全可以。大部分文档会采用与我们相同的方案，即分配一个私有地址，然后根据需要分配一个连接提供商网络的浮动 IP。尽管如此，如果运维人员知道他们的服务需要在特定网络或是在因特网上，那么他们通常会分配直接来自提供商网络的地址。

关于更深入地讨论网络和针对本书所做的决策，可回顾第 3 章的内容。

我们现在将介绍如何将浮动 IP 地址添加至实例中。我们可以 SSH 至实例，然后在上面运行一个 Web 服务器。在实例的 Actions 菜单中，可选择 Associate Floating IP 以弹出一个窗口供用户修改自己的 IP。在 IP Address 下，可单击加号添加新的 IP，这时将会弹出 Allocate Floating IP 的窗口。它们会询问从哪个池中获得地址，这个选项应当是 ext-net。在单击 Allocate IP 时，它们将从池中选择一个地址并让其可被分配给用户的 VM。默认情况下，将返回至 Manage Floating IP Associations 窗口，同时新的 IP 地址已被填写至 IP Address 字段中，如图 6-9 所示。

现在可单击 Associate 将新地址添加至实例。这是实时完成的，并且通常不需要重启实例即可迅速生效。这时应当会弹出一个绿色的 Success 对话框，并且在实例的 IP Address 栏中会显示以下内容。

```
10.190.0.11
Floating IPs:
203.0.113.9
```

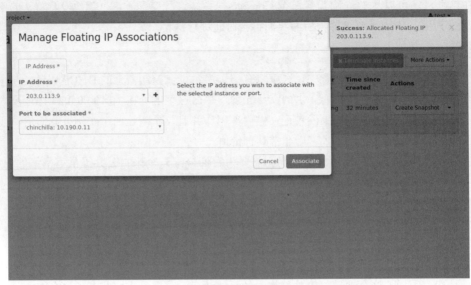

图 6-9   分配 IP

我们将使用 203.0.113.0/24 地址进行 SSH，访问该机器上的任何服务。无论使用的是 OpenStack 仪表盘（Horizon）还是 OpenStack 客户端命令行，使用 SSH 登录至实例以及在实例上安装并使用公共服务是完全相同的。由于这些是相同的，我们将在本章的末尾介绍如何进行这些工作。现在我们将学习如何通过命令行完成这些工作，或是跳至 6.3.3 节。

6.3.2   启动实例：OpenStack 客户端

如果正尝试寻找一种简单的界面或是不习惯命令行，那么使用 OpenStack Dashboard 将是一种与 OpenStack 交互的便捷方法。尽管如此，许多运维人员更愿意使用命令行与 OpenStack 进行交互，因为这种方法更为方便，也更为迅速，同时也为完成操作提供了许多选项和脚本编写能力。下面我们分步介绍通过仪表盘完成的工作，不过使用的方法则是 OpenStack 客户端。

在生产中，我们通常会运行一个来自于系统的客户端。虽然这个系统在 OpenStack 部署之外，但 OpenStack 部署可以访问与客户端通信的 OpenStack API。为了简化示例，我们将运行来自控制器节点的所有命令。在使用仪表盘时，我们是作为一个特定用户登录进去完成每个任务的。在使用 OpenStack 客户端时，我们将对一个 openrc 凭证文件执行 source 命令。这个文件是我们在第 5 章运行 Puppet 时创建的。我们可以直接查看这些文件，看看其中包括什么内容。不过，它们会向我们的 shell 环境发布一系列的 exports，当运行后面的命令时，这些将成为我们的凭证。

1. 添加 flavor

首先需要添加一个新的 flavor 以供使用。这与使用仪表盘创建 flavor 相似，不过将赋予它们另外一个名字。这里将使用管理员账户为所有用户创建这一 flavor。

> **提示**
>
> OpenStack 命令有一种提供大量细节的趋势，但是这些细节并非总是适合这些页面。在这些命令中，许多命令的命令输出都按章节排序存储在一个针对脚本和配置的 GitHub 存储库内，网址为 https://github.com/DeploymentsBook/scripts-and-configs。

```
$ source /etc/openrc.admin
$ openstack flavor list
+--------------------------------------+------------+-------+------+-----------+-------+-----------+
| ID                                   | Name       | RAM   | Disk | Ephemeral | VCPUs | Is Public |
+--------------------------------------+------------+-------+------+-----------+-------+-----------+
| 1                                    | m1.tiny    |   512 |    1 |         0 |     1 | True      |
| 2                                    | m1.small   |  2048 |   20 |         0 |     1 | True      |
| 3                                    | m1.medium  |  4096 |   40 |         0 |     2 | True      |
| 4                                    | m1.large   |  8192 |   80 |         0 |     4 | True      |
| 5                                    | m1.xlarge  | 16384 |  160 |         0 |     8 | True      |
| 74fa1799-055f-4411-a8d7-55826dba7d94 | m1.smaller |   768 |    5 |         0 |     1 | True      |
+--------------------------------------+------------+-------+------+-----------+-------+-----------+
$ openstack flavor create --ram 768 --disk 5 --ephemeral 0 --vcpus 1 --public m1.smaller2
+----------------------------+--------------------------------------+
| Field                      | Value                                |
+----------------------------+--------------------------------------+
| OS-FLV-DISABLED:disabled   | False                                |
| OS-FLV-EXT-DATA:ephemeral  | 0                                    |
| disk                       | 5                                    |
| id                         | 874857cf-ca29-4dea-b121-aaf36517ac3e |
| name                       | m1.smaller2                          |
| os-flavor-access:is_public | True                                 |
| ram                        | 768                                  |
| rxtx_factor                | 1.0                                  |
| swap                       |                                      |
| vcpus                      | 1                                    |
+----------------------------+--------------------------------------+
```

读者可再次运行 `openstack flavor list`，查看创建的 m1.smaller2 flavor，它们与之前通过仪表盘创建的 m1.smaller flavor 几乎完全相同。

2. 添加镜像

为了完成这一工作，我们将使用测试用户运行命令。在这一步骤中，我们需要为自己的部署添加一个镜像以供使用。我们将再次使用 Ubuntu 服务器镜像，不过将为它们起一个不同的名字。

```
$ source /etc/openrc.test
$ openstack image list
+--------------------------------------+--------------------+
| ID                                   | Name               |
```

```
+------------------------------------+---------------------+
| 8b6b345c-1e08-426e-b24b-37df8e166ab0 | Ubuntu 14.04 Server |
| b592fbdf-cbb9-4159-bc22-f2a591b4c348 | Cirros 0.3.4        |
+------------------------------------+---------------------+
$ wget https://cloud-images.ubuntu.com/releases/14.04.4/release/ubuntu-14.04-
server-cloudimg-amd64-disk1.img
$ openstack image create --container-format bare \
--disk-format qcow2 --min-disk 5 --min-ram 768 \
--file ubuntu-14.04-server-cloudimg-amd64-disk1.img "Ubuntu 14.04 Server 2"
+------------------+-----------------------------------------------------+
| Field            | Value                                               |
+------------------+-----------------------------------------------------+
| checksum         | 2a0bf21fb69d518d9c7a19dbc2d99eb7                    |
| container_format | bare                                                |
| created_at       | 2016-05-02T20:12:45Z                                |
| disk_format      | qcow2                                               |
| file             | /v2/images/cdeb610d-9064-4dc5-b63a-afa9a58c0f7c/file |
| id               | cdeb610d-9064-4dc5-b63a-afa9a58c0f7c                |
| min_disk         | 5                                                   |
| min_ram          | 768                                                 |
| name             | Ubuntu 14.04 Server 2                               |
| owner            | d49446773bfb47bab30b3c4bca06d82d                    |
| protected        | False                                               |
| schema           | /v2/schemas/image                                   |
| size             | 259392000                                           |
| status           | active                                              |
| tags             |                                                     |
| updated_at       | 2016-05-02T20:12:47Z                                |
| virtual_size     | None                                                |
| visibility       | private                                             |
+------------------+-----------------------------------------------------+
```

由于这是一个本地镜像文件，刚开始命令反馈可能需要一点时间，但是随后它们通常会被迅速地显示为 active。如果不是 active，那么可通过 show 命令在加载镜像时检查一下 status。一旦 status 变成 "active"，就可以通过这个镜像启动实例了。

```
$ openstack image show "Ubuntu 14.04 Server 2"
+------------------+-----------------------------------------------------+
| Field            | Value                                               |
+------------------+-----------------------------------------------------+
| checksum         | 2a0bf21fb69d518d9c7a19dbc2d99eb7                    |
| container_format | bare                                                |
| created_at       | 2016-05-02T20:12:45Z                                |
| disk_format      | qcow2                                               |
| file             | /v2/images/cdeb610d-9064-4dc5-b63a-afa9a58c0f7c/file |
| id               | cdeb610d-9064-4dc5-b63a-afa9a58c0f7c                |
| min_disk         | 5                                                   |
| min_ram          | 768                                                 |
```

```
| name           | Ubuntu 14.04 Server 2                            |
| owner          | d49446773bfb47bab30b3c4bca06d82d                |
| protected      | False                                           |
| schema         | /v2/schemas/image                               |
| size           | 259392000                                       |
| status         | active                                          |
| tags           |                                                 |
| updated_at     | 2016-05-02T20:12:47Z                            |
| virtual_size   | None                                            |
| visibility     | private                                         |
+----------------+-------------------------------------------------+
```

3. 启动前的访问与安全

当使用仪表盘时，在本阶段就需要调整设置，添加一个 SSH 密钥和默认的安全群组规则以添加对实例的 ping、SSH 和 HTTP 访问权限。首先通过 OpenStack 客户端看一下它们当前是什么情况。

```
$ source /etc/openrc.test
$ openstack keypair list
+------------------+-------------------------------------------------+
| Name             | Fingerprint                                     |
+------------------+-------------------------------------------------+
| elizabeth-desktop | 73:08:27:ee:8f:6d:07:0f:d3:d2:cb:2f:73:4e:38:ab |
+------------------+-------------------------------------------------+
$ openstack security group rule list default
+--------------------------------------+-------------+-----------+------------+
| ID                                   | IP Protocol | IP Range  | Port Range |
+--------------------------------------+-------------+-----------+------------+
| 0743e044-5707-47fa-87a7-e6a5036e9d7c | tcp         | 0.0.0.0/0 | 80:80      |
| 3977d290-35cb-434a-8408-c886dd6e5887 | icmp        | 0.0.0.0/0 |            |
| 52d61ae0-6518-41de-831c-ebe9f0918cc0 |             |           |            |
| 742da90f-515a-47cc-b8c0-577ebb178ec8 | tcp         | 0.0.0.0/0 | 22:22      |
| 77d0bbfe-2fa1-4f7b-bc4a-57e09161e9c3 |             |           |            |
+--------------------------------------+-------------+-----------+------------+
```

在这个示例中，作为展示，我们将在控制节点上创建一个密钥对，然后为默认群组添加端口 443（HTTPS）访问权限，而不是直接复制我们通过仪表盘所做的工作。

```
$ ssh-keygen -t rsa
Generating public/private rsa key pair.
Enter file in which to save the key (/home/elizabeth/.ssh/id_rsa):
Created directory '/home/elizabeth/.ssh'.
Enter passphrase (empty for no passphrase):
Enter same passphrase again:
Your identification has been saved in /home/elizabeth/.ssh/id_rsa.
Your public key has been saved in /home/elizabeth/.ssh/id_rsa.pub.
The key fingerprint is:
f6:9f:93:ab:ac:14:19:59:fc:72:6a:00:6f:71:31:cb elizabeth@control1
```

```
The key's randomart image is:
+--[ RSA 2048]----+
|           .+.   |
|        . .+oo   |
|        oooE.    |
|         +o. o   |
|         .S. +   |
|         . oo    |
|          ... .  |
|         . . .o. |
|         ..o.+o  |
+-----------------+
$ openstack keypair create --public-key .ssh/id_rsa.pub elizabeth-control
+-------------+-------------------------------------------------+
| Field       | Value                                           |
+-------------+-------------------------------------------------+
| fingerprint | f6:9f:93:ab:ac:14:19:59:fc:72:6a:00:6f:71:31:cb |
| name        | elizabeth-control                               |
| user_id     | e542c1e48d8d4373978f6ef272424b6d                |
+-------------+-------------------------------------------------+
$ openstack keypair list
+------------------+-------------------------------------------------+
| Name             | Fingerprint                                     |
+------------------+-------------------------------------------------+
| elizabeth-control | f6:9f:93:ab:ac:14:19:59:fc:72:6a:00:6f:71:31:cb |
| elizabeth-desktop | 73:08:27:ee:8f:6d:07:0f:d3:d2:cb:2f:73:4e:38:ab |
+------------------+-------------------------------------------------+
```

我们现在拥有了自己的老密钥对和命名为 elizabeth-control 的新密钥对。注意，elizabeth-control 是在控制器节点上的密钥。如果读者希望使用自己的密钥，可以调整 --public-key，让其指向自己希望加载的密钥。如果出现了错误，可以使用 openstack keypair delete 命令删除自己不想要的密钥对。

下面将添加端口 443 至默认的安全群组。

```
$ openstack security group rule create --proto tcp --src-ip 0.0.0.0/0 --dst-port 443:
443 default
+-----------------+--------------------------------------+
| Field           | Value                                |
+-----------------+--------------------------------------+
| group           | {}                                   |
| id              | c7a9c2d1-3f4c-4de5-999a-355db60f0ebc |
| ip_protocol     | tcp                                  |
| ip_range        | 0.0.0.0/0                            |
| parent_group_id | 4e0a1f03-b869-49ec-9a06-2ff2b14db985 |
| port_range      | 443:443                              |
+-----------------+--------------------------------------+
$ openstack security group rule list default
+--------------------------------------+-------------+-----------+------------+
```

```
| ID                                   | IP Protocol | IP Range  | Port Range |
+--------------------------------------+-------------+-----------+------------+
| 0743e044-5707-47fa-87a7-e6a5036e9d7c | tcp         | 0.0.0.0/0 | 80:80      |
| 3977d290-35cb-434a-8408-c886dd6e5887 | icmp        | 0.0.0.0/0 |            |
| 52d61ae0-6518-41de-831c-ebe9f0918cc0 |             |           |            |
| 742da90f-515a-47cc-b8c0-577ebb178ec8 | tcp         | 0.0.0.0/0 | 22:22      |
| 77d0bbfe-2fa1-4f7b-bc4a-57e09161e9c3 |             |           |            |
| c7a9c2d1-3f4c-4de5-999a-355db60f0ebc | tcp         | 0.0.0.0/0 | 443:443    |
+--------------------------------------+-------------+-----------+------------+
```

如果仔细观察这一最终输出，会发现此处的 TCP 端口 443 包含的内容与之前在仪表盘中创建的端口 22 和端口 80 规则相同。现在创建的带有默认安全群组的实例也将允许端口 443。

4. 启动实例

在完成了这些基础性工作后，通过 OpenStack 客户端启动实例只需要一个命令，不过我们需要手动定义一些选项。

> **小心**
>
> 　　如果读者仍在运行在仪表盘中创建的实例，那么为了节约资源可能需要在启动这一实例之前关闭仪表盘中创建的实例。读者可通过登录至仪表盘，导航至 Instances，然后从右边的下拉菜单中选择 Shut Off Instance 或 Terminate Instance。关闭实例将允许在后面重新恢复它们，终止将完全删除实例。

我们将使用自己创建的新镜像和 flavor 启动这一实例。在这个示例中，将不使用在本阶段创建的 SSH 密钥，因此可以用在仪表盘中创建实例时的登录方式登录它们。与在仪表盘中一样，可用区域为"nova"，同时将使用之前添加了规则的默认安全群组。最后，使用的网络为 Network1，因此默认情况下，实例将从 10.190.0.0/24 网络中获得一个地址。

```
$ source /etc/openrc.test
$ openstack server create --image "Ubuntu 14.04 Server 2" \
--flavor m1.smaller2 --security-group default --key-name elizabeth-desktop \
--availability-zone nova --nic net-id=Network1 ferret
+-------------------------------+--------------------------------------------------+
| Field                         | Value                                            |
+-------------------------------+--------------------------------------------------+
| OS-DCF:diskConfig             | MANUAL                                            |
| OS-EXT-AZ:availability_zone   | nova                                             |
| OS-EXT-STS:power_state        | 0                                                |
| OS-EXT-STS:task_state         | scheduling                                       |
| OS-EXT-STS:vm_state           | building                                         |
| OS-SRV-USG:launched_at        | None                                             |
| OS-SRV-USG:terminated_at      | None                                             |
| accessIPv4                    |                                                  |
| accessIPv6                    |                                                  |
| addresses                     |                                                  |
| adminPass                     | Hq69dynxZeBD                                      |
| config_drive                  |                                                  |
```

```
| created                         | 2016-03-28T18:12:56Z                              |
| flavor                          | m1.smaller2 (874857cf-ca29-4dea-b121-aaf36517ac3e)|
| hostId                          |                                                   |
| id                              | 41887a02-1efa-4b4d-8f64-d31c68da066e              |
| image                           | Ubuntu 14.04 Server 2 (dd05b2e4-afa2-4c33-a99c-2f68b7312951) |
| key_name                        | elizabeth-desktop                                 |
| name                            | ferret                                            |
| os-extended-volumes:volumes_attached | []                                           |
| progress                        | 0                                                 |
| project_id                      | 44f0be93c3524ad59aab0e8f7a154aff                  |
| properties                      |                                                   |
| security_groups                 | [{u'name': u'default'}]                           |
| status                          | BUILD                                             |
| updated                         | 2016-03-28T18:12:57Z                              |
| user_id                         | e542c1e48d8d4373978f6ef272424b6d                  |
+---------------------------------+---------------------------------------------------+
```

正如在本输出中所看到的，**status** 为 BUILD。这意味着实例已经被启动。我们也可以通过 openstack server list 查看实例构建的状态。openstack server list 这一命令的功能是生成系统是否已经启动的基本列表。

```
$ openstack server list
+--------------------------------------+--------+--------+----------------------+
| ID                                   | Name   | Status | Networks             |
+--------------------------------------+--------+--------+----------------------+
| 41887a02-1efa-4b4d-8f64-d31c68da066e | ferret | ACTIVE | Network1=10.190.0.13 |
+--------------------------------------+--------+--------+----------------------+
```

如何出现了问题，可能需要对执行 openstack server show ferret 命令的实例使用 show 命令以获得更多的详细情况。该命令可提供基本的错误信息以帮助确定失败的原因。关于调试的更多知识可参见第 13 章。

5. 添加浮动 IP 地址

通过 OpenStack 客户端完成的最后一个步骤是为实例分配浮动 IP 地址，这样它们就可以在 203.0.113.0/24 地址段中进行外部访问。如之前介绍的一样，这个地址并不是一个真实的公共地址，其仅可被网络上的系统访问，前提是它们共享了这个地址段中的一个地址。

读者可能已经有了可用的地址，因此可以从显示列表开始。

```
$ openstack ip floating list
+--------------------------------------+---------+------------+----------+-------------+
| ID                                   | Pool    | IP         | Fixed IP | Instance ID |
+--------------------------------------+---------+------------+----------+-------------+
| 45744a5f-8cd4-4554-a6f1-4666353be00d | ext-net | 203.0.113.8| None     | None        |
+--------------------------------------+---------+------------+----------+-------------+
```

读者可以使用这一地址，也可以使用创建命令从 **ext-net** 池中添加另外一个地址。

```
$ openstack ip floating create ext-net
+-------------+-------------------------------------+
```

```
| Field       | Value                                |
+-------------+--------------------------------------+
| fixed_ip    | None                                 |
| id          | d8cc6592-efc2-450e-9726-ccf91d1a05c2 |
| instance_id | None                                 |
| ip          | 203.0.113.10                         |
| pool        | ext-net                              |
+-------------+--------------------------------------+
```

我们可通过运行下列命令将刚刚创建的地址用于新实例，然后检查并确认 IP 已经分配。

```
$ openstack ip floating add 203.0.113.10 ferret
$ openstack server list
+--------------------------------------+--------+--------+----------------------------------+
| ID                                   | Name   | Status | Networks                         |
+--------------------------------------+--------+--------+----------------------------------+
| 41887a02-1efa-4b4d-8f64-d31c68da066e | ferret | ACTIVE | Network1=10.190.0.13, 203.0.113.10 |
+--------------------------------------+--------+--------+----------------------------------+
```

看！实例现在有了一个私有地址和一个新分配的 203.0.113.10 地址。这个地址可用于从本网络中的其他系统 SSH 至这一系统。

6.3.3 运行服务

无论读者使用的是 OpenStack 仪表盘（Horizon）还是 OpenStack 客户端（OSC）启动自己的首个实例，现在都可以开始登录至自己的服务器并进行修改。

1. 通过 SSH 进行登录

我们使用的 Ubuntu 云镜像没有为默认的 ubuntu 用户提供默认的密码，因此对它们的访问是通过之前导入或创建的 SSH 密钥完成的。现在需要使用这一密钥登录。

首先，需要与网关地址为 203.0.113.1 的系统进行交互。如果使用附录 A 提供的指导，那么控制器和计算 VM 应运行在主机上。可以 SSH 至这一机器，也可以使用该机器的 Ubuntu 桌面上的 Terminal 直接 SSH 至实例。查看实例是否可被用户所在的机器访问，可以从 ping 测试开始。查看一下机器的 203.0.113.0/24 地址，然后使用 ping 命令进行测试。例如，如果地址为 203.0.113.9，可使用下列命令。这个命令将从服务器获得 ping 反馈。

```
$ ping -c 5 203.0.113.9
PING 203.0.113.9 (203.0.113.9) 56(84) bytes of data.
64 bytes from 203.0.113.9: icmp_seq=1 ttl=63 time=3.56 ms
64 bytes from 203.0.113.9: icmp_seq=2 ttl=63 time=1.35 ms
64 bytes from 203.0.113.9: icmp_seq=3 ttl=63 time=1.50 ms
64 bytes from 203.0.113.9: icmp_seq=4 ttl=63 time=1.88 ms
64 bytes from 203.0.113.9: icmp_seq=5 ttl=63 time=1.58 ms
--- 203.0.113.9 ping statistics ---
5 packets transmitted, 5 received, 0% packet loss, time 4005ms
rtt min/avg/max/mdev = 1.354/1.979/3.566/0.812 ms
```

现在确认 SSH 服务器正在正常响应。

```
$ nc 203.0.113.9 22
SSH-2.0-OpenSSH_6.6.1p1 Ubuntu-2ubuntu2.6
```

如果所有的内容都看起来正常,那么现在使用 ubuntu 用户和私有 SSH 密钥(命名为 id_rsa、cloud.key、something.pem 或是为其起的任意名字)。

```
$ ssh -i .ssh/id_rsa ubuntu@203.0.113.9
The authenticity of host '203.0.113.9 (203.0.113.9)' can't be established.
ECDSA key fingerprint is d3:b2:13:09:35:50:4b:01:86:0e:52:66:ff:5a:57:5d.
Are you sure you want to continue connecting (yes/no)? yes
Warning: Permanently added '203.0.113.9' (ECDSA) to the list of known hosts.
Welcome to Ubuntu 14.04.4 LTS (GNU/Linux 3.13.0-77-generic x86_64)
...
ubuntu@chinchilla:~$
```

现在已经登录,可以添加服务了。

2. 简单的 HTTP 服务器

由于我们正在运行一个被严格限制的实例,因此将放弃流行的 Apache Web 服务器,转而使用非常基础的 Python 命令。Python 命令将与 Ubuntu 一起加载一个 HTTP 服务器。

首先在控制器上或是 Ubuntu 实例的 SSH 密钥所在位置上运行下列命令。用自己创建的实例的地址替换 10.190.0.8。

```
$ git clone https://github.com/DeploymentsBook/http-files.git
$ scp -r http-files/nova/ ubuntu@10.190.0.8:
```

> **提示**
>
> 由于没有假设读者的实例有因特网访问权,因此首先将把这个存储库克隆至控制器。如果选择通过网络上真实的浮动 IP 地址给予它们访问权限,那么可将这个存储库直接克隆至实例或是安装 Apache 等希望进行测试的服务。

在 Ubuntu 系统上,一个 nova 目录将出现在 ubuntu 用户的主目录中。SSH 至 Ubuntu 系统并启动 HTTP 实例。

```
$ cd nova
$ python -m SimpleHTTPServer
Serving HTTP on 0.0.0.0 port 8000 ...
```

现在返回至正在 SSH 的服务器,打开浏览器并导航至 8000 端口上的实例地址。这个地址类似于 http://10.190.0.8:8000。读者应该会看到一个与图 6-10 所示相似的页面。

图 6-10　基本的 Web 服务器

恭喜，你现在正在 OpenStack 实例上运行自己的首个面向用户的应用。

在用完实例并不准备再用它们时，可登录至仪表盘，导航至 Instances，然后从右边的下拉菜单中选择 Shut Off Instance 或 Terminate Instance。关闭实例将允许读者在后面重新恢复它们。终止将永久地删除实例。读者也可以使用 `openstack server delete <server>`命令通过 OpenStack 客户端终止实例。

6.3.4　SDK 与 OpenStack API

我们探索了使用 OpenStack 仪表盘（Horizon）和 OpenStack 客户端（OSC）与 OpenStack 进行交互。

但是关于与私有云交互的所有章节都不可避免地涉及与 OpenStack 应用程序接口（API）对话的软件开发工具包（SDK）。随着操作环境中自动化程度的不断提高，大多数开发都使用了 SDK 以最大程度地与 OpenStack 云交互。这一说法是公正的，利用 SDK 编写的软件可对 OpenStack 实例和它们使用的资源进行管理。

OpenStack SDK 可用于多种语言，包括 Python、Java、Node.js、Ruby、.NET 和 PHP。如果无法找到所选语言的 API，那么还可以通过 cURL、REST 客户端（两个都捆绑了多种语言）或是在程序中调用本章早些时候使用的 OpenStack 客户端（OSC）对 API 进行访问。

获取主要的 SDK 和 OpenStack API 的最新文档可访问 http://developer.openstack.org/。

6.4   小结

在公司中运行私有计算云的能力将为使用者带来惊人的力量。无论是在学生需要访问服务器实例的大学中，还是在开发者需要按需提供服务器资源的公司中，能够迅速为用户提供他们所需要的都是一件非常了不起的事情。

第 7 章

公有计算云

> 没有房子应该永远是在一座山上或任何东西上。
>
> 它应该是山的一部分，属于它。
>
> 山和房子在一起，每一方都因另一方而更加快乐。
>
> ——弗兰克·劳埃德·赖特[1]

全球的公司都在为那些正地试图处理数据的客户部署公有计算云。这些云的重点包括了从按需提供的计算力到存储系统在内的所有东西。这些我们将在后面几章中进行探讨。对于以计算为重点的虚拟主机，OpenStack 提供了一个针对动态应用的平台，可为客户提供高可用性的服务。通常，这些服务的计费是根据使用的资源（RAM、CPU、磁盘等）以及实例被使用的时长，经常以小时计算。

本章将以在第 6 章中所学习的内容为基础，介绍如何追踪使用量并最终为公司所运行的公有云上的服务进行计费。

7.1　使用

随着 OpenStack 社区在过去几年中的不断成长，我们看到已经有几家公司开始提供可与市场上专有云解决方案竞争的服务。OpenStack Foundation Marketplace 已经拥有一个致力于让公司提供公有云的完整部分（http://www.openstack.org/marketplace/public-clouds/）。

作为市场中的参与者，公司能够利用 OpenStack 开源云平台的发展，以此为基础为客户提供优势，如地理多样性、速度、高网络速度，甚至是应用整合让客户能够更快地打造自己的产品。

---

[1] 弗兰克·劳埃德·赖特（Frank Lloyd Wright），美国著名建筑师，被誉为世界现代建筑四位大师之一，其代表作是流水别墅等。——译者注

7.1.1　传统技术公司

传统技术公司在创新和为客户提供可靠产品方面有着悠久的历史和良好的声誉。在当今由云驱动的世界中，一些传统技术公司开始创建公有云。这些公有云通常与他们的其他解决方案一起提供，或是与他们的私有云解决方案相互配合。

在一次 OpenStack 峰会的主题演讲中，一家公司谈到了他们的客户是如何使用整合了私有云和公有云的混合云。这家公司去现场帮助部署私有云，然后为基础设施中面向公众的组件提供公有云。

7.1.2　网络托管公司

专业的网络托管公司也开始提供公有计算。其中的许多公司一开始是为客户提供购买虚拟专用服务器（VPS），然而现在他们也提供特定的托管服务，如博客或论坛的架设。通过向云迁移，这些虚拟主机公司让他们的用户能够使用与许多传统虚拟主机服务稳定运行的框架相似的框架创建自己的应用。

此外，许多公司开始通过提供针对单个文件的对象存储来扩大 OpenStack 在客户中的比例。读者可在第 9 章中学到相关的内容。

7.2　系统要求

在这一部署场景中，我们将使用第 5 章中创建的控制器和计算节点。除了基础性的内容之外，我们不会再为部署增加额外的内容，因此我们在这一设施中可以使用与第 6 章相同的系统。

我们可能需要留出一些时间让这一部署保持运行。由于 OpenStack 采集的计量数据会随着时间一直被追踪，因此让两个实例运行一个晚上将可以采集数据，这样就可以在次日或下一周进行研究。

选择组件

除了基础性的工具外，我们在本场景中还将为读者的部署添加 Ceilometer 遥测服务。这将使得基础安装必须包括下列服务，配置如图 7-1 所示：

- 计算（Nova）；
- 身份（Keystone）；
- 网络（Neutron）；

- 镜像服务（Glance）；
- 仪表盘（Horizon）；
- 遥测（Ceilometer）。

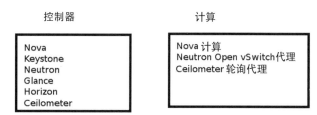

图 7-1 带有 Ceilometer 遥测服务的一个双系统 OpenStack 部署的组件

7.3 架构概览

在最基本的情况下，Ceilometer 会轮询正在运行的 OpenStack 服务。在展示中，我们将使用 Nova 计算和 Glance 镜像存储。它们还能够从通知总线收集通知。收集器会汇集这些信息，并将这些信息放入数据库中。在我们的部署中，MySQL 将针对这一意图进行配置以使事情变得简单，MongoDB 为最初的数据库，并且仍是推荐的数据库。

通过该数据存储，用户可与 API 交互以查询数据。这一工作可通过浏览 Horizon 仪表盘中的输出、使用 OpenStack 客户端或 Ceilometer 命令行接口，或是通过在本章后面介绍的外部计费系统完成。图 7-2 勾勒出了 Ceilometer 的基本概览。

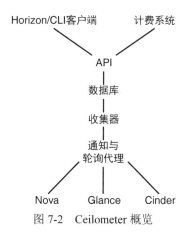

图 7-2 Ceilometer 概览

收集器采集的数据将以可计量的方式被追踪。计量包括了那些被真实测量到的东西，如 CPU 负载、磁盘 I/O 或 Glance 镜像占用的空间。这些计量当中的每一个都作为一个类型被追踪。Ceilometer 能够理解下列计量类型。

- **Cumulative**——随着时间而增加，例如实例运行了多长时间。

- **Gauge**——离散项目，如镜像上传、使用的浮动 IP、磁盘 I/O 波动值的数量。
- **Delta**——随着时间范围而变化，如带宽。

除了这一基本的概览外，Ceilometer 还有转换器和发布器的概念。转换器可让用户操作原始数据，将数据转化为新的测量值，或是改变维度，让不同类型的数据能够提交给客户端或其他的外部系统。发布器可让用户将特定数据重新定向一个或多个目标对象，而不需要这些目标对象对数据提出请求

7.4   场景

如上所述，我们将在第 5 章中定义且在第 6 章再次使用的 OpenStack 基本安装中添加 Ceilometer。由于我们添加了另一个服务，因此需要使用 Puppet 拉入额外的组件。

在本场景中，我们将对控制器节点和计算节点进行一些修改。

7.4.1   控制器节点设置

在控制器节点上，将使用另一个 `puppet apply` 命令。这个命令将在 puppet 中处理基础的公有云角色。

```
$ sudo puppet apply /etc/puppet/modules/deployments/manifests/role/foundations_public
_cloud.pp
```

在它们运行期间，让我们看一下正在运行什么。

```
class deployments::role::foundations_public_cloud {
  include deployments::role::foundations
  include deployments::profile::ceilometer
}

include deployments::role::foundations_public_cloud
```

正如所见，它们拉入了我们的基本清单。如果从之前设置的节点开始，那么它们应当会更早地运行。随后它们会拉入我们已经在部署组成模块中定义的 Ceilometer 配置文件。在这一 Ceilometer 配置文件中包含了许多值得关注的东西。在文件系统上，配置文件的位置在 /etc/puppet/modules/deployments/manifests/profile/ceilometer.pp 中，并且包含下列内容。

```
class deployments::profile::ceilometer
{
  include ::ceilometer
  include ::ceilometer::client
  include ::ceilometer::collector
  include ::ceilometer::agent::auth
  include ::ceilometer::agent::central
  include ::ceilometer::agent::notification
```

```
include ::ceilometer::agent::polling
include ::ceilometer::api
include ::ceilometer::config
include ::ceilometer::db
include ::ceilometer::db::mysql
include ::ceilometer::keystone::auth
}
```

由于安装了 Ceilometer 代理，在本章中我们能够在后面查询数据。此外，还拥有一些能够完成图 7-2 中流程的组件。

（1）轮询代理会收集测量值，并将它们放入队列中。

（2）OpenStack 服务将把通知转送至标准的通信总线。

（3）通知代理会处理来自轮询代理和通知总线的数据，并将它们发送至目标对象，即案例中的收集器。

（4）收集器，或其他的目标对象会在持久性存储中存储数据，如数据库、文件或 Gnocchi，一个在 OpenStack Telemetry 项目中开发的一个时间序列数据库存储系统。我们会再次使用 MySQL 作为数据存储。

验证将通过 Keystone 处理。我们将拉入设置验证所需的组件。

7.4.2　计算节点设置

与控制器节点一样，我们将使用一个 puppet apply 命令向计算节点添加另一个基础性角色，通过运行它们使数据能够从节点那里汇集起来。

```
$ sudo puppet apply /etc/puppet/modules/deployments/manifests/role/foundations_
compute_public_cloud.pp
```

由于需要安装和配置所需的组件，这将需要花上几分钟的时间。在这期间，我们可以看一下哪些东西被拉入进来。

```
class deployments::role::foundations_compute_public_cloud {
  include deployments::profile::base
  include deployments::profile::compute
  include ::ceilometer::agent::polling
  include ::ceilometer::agent::auth
}

include deployments::role::foundations_compute_public_cloud
```

这一级与我们之前应用的基础性计算角色完全一样。不过，它们现在包含了轮询和验证代理，因此来自虚拟机管理器的数据能够被收集起来以获得关于 CPU 和网络使用量等项目的统计数据。

轮询管理器

用于轮询虚拟机管理器的代理需要能够清楚地洞察到这些系统正在做什么。这意味着它们还需要支持查询这些虚拟机的方式。在 Mitaka 中，下列虚拟机管理器获得了支持：

- KVM 和 QEMU，在我们的参考部署中被使用（通过 libvirt）；
- LXC（通过 libvirt）；
- UML（通过 libvirt）；
- Hyper-V；
- Xen；
- VMware vSphere。

此外，还有一个用于对裸机进行查询的智能平台管理接口（IPMI）代理。我们在部署场景中专门排除了对 IPMI 的支持，因为我们不支持它们。

7.4.3　查看统计数据：仪表盘

Horizon 仪表盘对 Ceilometer 的支持是有限的，并且未来很可能会发生很大的变化。目前，快速浏览统计数据可作为管理用户登录，并导航至 Admin、System、Resource Usage。

第一个界面将向用户提供计量方式和收集到的数据列表，如图 7-3 所示。

图 7-3　Ceilometer 使用量概览

正如所看到的那样，我们将从运行在当前部署上的 Nova 和 Glance 那里拉入数据。在这个示例中，系统已经运行了数天时间，并收集到了这些服务的测量值。在这期间，我们创建和删除的实例已经产生了许多工作负载。已经修改了上传镜像的数量并使用了 Glance 镜像存储。

该窗口的 Stats 标签能够显示资源的曲线图，不过这并不是很先进，因此未来将会被重新设计。在后面的学习中，我们通过命令行客户端查询 API 的方式查看和处理直接来自 Ceilometer 的详细数据。

7.4.4 查看统计数据：命令行客户端

Ceilometer 的真正能力，以及 Ceilometer 中完成的大部分交互，是通过命令行客户端实现的。命令行客户端会通过与 API 通信的方式收集统计数据。

我们首先看一下能够浏览到的计量方式。

> **注意**
>
> 由于 OpenStack 客户端还未正式支持 Ceilometer，因此我们将使用 Ceilometer 客户端执行这些命令。
>
> 与 OpenStack 客户端命令一样，Ceilometer 客户端命令也会有详细的输出，这些输出可能在页面中无法完全显示。本章中的命令所产生的命令输出都按章节排序存储在一个脚本和配置的 GitHub 存储库内，网址为 https://github.com/DeploymentsBook/scripts-and-configs。

为了获得计量方式，我们将以管理用户的身份执行 meter-list 命令（注意，输出被截短了。实际输出非常长，并且包括了完整的 Resource、User 和 Project ID）。

```
$ source /etc/openrc.admin
$ ceilometer meter-list
+----------------------+------------+----------+------------+---------+------------+
| Name                 | Type       | Unit     | Resource ID | User ID | Project ID |
+----------------------+------------+----------+------------+---------+------------+
| cpu                  | cumulative | ns       | f410c10b... | 19ec... | 983508f... |
| disk.allocation      | gauge      | B        | 0bcf0c0d... | 19ecf...| 983508f... |
| image.download       | delta      | B        | 6235a6cb... | 19ecf...| 983508f... |
| instance             | gauge      | instance | 0bcf0c0d... | 19ecf...| 983508f... |
| network.incoming.bytes | cumulative | B      | instance... | 19ecf...| 983508f... |
...
```

如果有一个以上的计算实例正在运行，那么可看到多个计量方式的副本。可通过在命令行中仅输出 Resource ID 的方式对它们进行限制，例如：

```
$ ceilometer meter-list --query resource=29779773-64f4-4b0f-93db-e6041bf68b95
```

这将重新显示该实例的计量方式。为了获得 Resource ID 的完整列表，可执行 ceilometer resource-list 命令，不过由于没有相关的计量方式，我们很难理解这些输出。注意，由于一些资源可能是用于 Glance 等服务的，因此计算资源并不是所显示出来的资源。如果无法确定资源是什么，可以通过 ceilometer resource-show <resource-id> 命令获得关于它们的数据。对于像计算实例这样的资源，可以看到关于主机、**flavor** 和磁盘大小的元数据。对于 Glance 资源，将看到镜像名称、格式等内容，如下所示：

```
$ ceilometer resource-show 6235a6cb-fa11-4cd9-9273-f83574d465ac
+-------------+-------------------------------------------------------------------+
| Property    | Value                                                             |
+-------------+-------------------------------------------------------------------+
| metadata    | {"status": "active", "name": "Ubuntu 14.04 Server", "deleted": "False", |
|             | "checksum": "742ec3c3d8a6b4f8caa7f14569d58eef", "created_at":     |
|             | "2016-05-09T19:14:15.000000", "disk_format": "qcow2", "updated_at": |
|             | "2016-05-09T19:14:18.000000", "properties.description": "None",   |
|             | "protected": "False", "container_format": "bare", "min_disk": "5", |
|             | "is_public": "True", "deleted_at": "None", "min_ram": "768", "size": |
|             | "229704192"}                                                      |
| project_id  | c30a06988bc247c296cb4553d9a1473a                                  |
| resource_id | 6235a6cb-fa11-4cd9-9273-f83574d465ac                             |
| source      | openstack                                                         |
| user_id     | None                                                              |
+-------------+-------------------------------------------------------------------+
```

记住这些数值与资源，现在将对它们展开更为深入的研究。我们可对示例和统计数据进行查询。示例为一行与特定测量值相关联的数据点。统计数据为一段时间内聚合数据点的集合，在查询时可对时间进行定义。

下面让我们看一下单个实例的磁盘使用示例（省略了部分输出）。

```
$ ceilometer sample-list --meter disk.usage \
--query resource=89883a18-fc0a-4319-9f9c-e48ddbddf8c2
+------------+------------+-------+-----------+------+----------------------------+
| Resource ID | Name      | Type  | Volume    | Unit | Timestamp                  |
+------------+------------+-------+-----------+------+----------------------------+
| 89883a18... | disk.usage | gauge | 2564096.0 | B    | 2016-05-09T18:46:50.467369 |
| 89883a18... | disk.usage | gauge | 2564096.0 | B    | 2016-05-09T18:36:50.877118 |
| 89883a18... | disk.usage | gauge | 2170880.0 | B    | 2016-05-09T18:26:52.808036 |
...
```

示例输出与相同资源和计量方式的统计数据形成了鲜明的对比，它们会重新显示随时间汇聚的数据点的数据（省略了部分输出）（见代码清单 7-1）。

在这个案例中，随着时间的变化，一些文件会被添加或是修改这个具体的实例，因此这些不同会被测算出来。

让我们再次进行相同的查询，不过这次我们将根据时间标记对它们进行限制。我们将限制在 60 分钟内（见代码清单 7-2）。

代码清单 7-1

```
$ ceilometer statistics --meter disk.usage --query resource=89883a18-fc0a-4319-9f9c-e48ddbddf8c2
```

Period	Period Start	Period End	Max	Min	Avg	Sum	Count	Duration	Duration Start	Duration End
0	2016-05-0...	2016-05-...	2564096.0	2170880.0	2542250.66667	45760512.0	18	10197.317932	2016-05-09T...	2016-05-0...

代码清单 7-2

```
$ ceilometer statistics --meter disk.usage --query
'resource=89883a18-fc0a-4319-9f9c-e48ddbddf8c2;timestamp>2016-05-09T20:06:50.454570;timestamp<2016-05-09T21:06:50.125968'
```

Period	Period Start	Period End	Max	Min	Avg	Sum	Count	Duration	Duration Start	Duration End
0	2016-05-0...	2016-05-...	2564096.0	2564096.0	2564096.0	12820480.0	5	2400.279797	2016-05-09T...	2016-05-0...

在这个时间段时，由于没有什么东西发生变化，因此值都非常相似。

以此为起点，我们可以继续进行更多高级查询并追踪其他的变量。我相信读者已经对使用何种方式追踪用户和客户的使用量进行了深入的思考。

7.5 处理测量值与警报

现在有了一个工作云和一些测量值，我们需要把这些数据传送给某些服务以进行追踪和计费。这些服务在 OpenStack 之外。一些公司和多个在 OpenStack 生态系统内开发的开源项目，如 CloudKitty 可支持来自 Ceilometer 的遥测数据。用户需要根据自己的需求，找到适合自己环境的适当的解决方案。如果没有现成的厂商或项目符合自己的需求，那么用户可以编写自己的服务对 API 进行查询。

作为 Ceilometer 的一部分，警报现在可由远程报警服务 Aodh 处理。如其他的 OpenStack 服务一样，用户需要通过 Aodh API 对警报进行配置。警报评估器会定期与 Ceilometer API 进行通信，并通过警报通知器处理警报。随后，警报通知器会与外部系统联系以通知警报规则已经被触发。这一外部系统可由用户自己或指定厂商创建，能够处理 Aodh 的输出通知。

最后，利用这些数据，人们可能找到一些使用这些数据的创新方式，这也不足为奇。对使用的追踪可以帮助云运维人员知道什么时候应该自动增加资源。基础设施中出现过如日志文件失控或高负载等问题吗？从 Ceilometer 那里获得的统计数据能够帮助准确地找到正在受到磁盘空间、CPU 使用量等问题困扰的实例。

7.6 小结

通过本章的详细介绍，我们现在拥有了一个框架，并且可开始追踪托管的计算服务上的测量值。通过利用 Horizon 仪表盘、命令行和 API 对它们进行浏览，我们可通过正常的轮询追踪系统正在做什么，追踪使用量并向计费系统提供信息。我们甚至可以利用 Ceilometer 提供的测量值发现并修正错误。

第 8 章

块存储云

> 通往翡翠城的路是用黄色的砖铺成的。
> ——莱曼·弗兰克·鲍姆[1]，《绿野仙踪》

OpenStack 提供了两个流行的存储机制：对象存储和块存储。块存储通常作为文件系统安装在服务器上。对象存储用于托管单个的文件，这些文件随后在应用中会被引用。在第 9 章中，读者将学习为什么需要通过 Swift 使用对象存储托管文件。本章将介绍通过 Cinder 使用块存储。

通过与 OpenStack 其他部分的整合，可在 OpenStack 云中创建 Cinder 卷，并根据用户的意愿实时地安装到指定的实例上。此外，读者还能够将卷从一个实例上卸载下来，然后通过一些命令将其安装在其他实例上。

8.1 使用

OpenStack 的优势之一是避免了厂商锁定，尤其是与 Cinder 等通用解决方案一起组合使用时。Cinder 通过一个涉及 70 多个不同的专有和开源存储解决方案的卷管理器提供了一个抽象层。此外，它们还可以迅速成为一个针对多个后端的接口，让读者不仅能够从不同厂商那里丰富自己的后端，还可以对它们进行更换，同时让公司在适合的时机有计划地进行迁移。

8.1.1 云提供商

无论正在运行一个面向客户的公有云，还是供公司内部使用的私有云，能够为 flavor 提供

---

① 莱曼·弗兰克·鲍姆（L. Frank Baum），美国儿童文学作家，代表作有《绿野仙踪》《鹅妈妈的故事》《鹅爸爸的书》等。——译者注

适当扩展文件系统需求的能力将成为一个巨大的优势。

利用可立即添加块存储的能力，默认计算节点的存储需求可保持在较低状态，以便能够为那些需要将重点放在计算力上和让他人灵活地立即添加所需存储的用户保留空间。能够根据需要灵活扩展存储有助于在没有过度使用的情况下扩充资源。同时，如果数据保存在一个可被移动至新计算实例的单独卷上，那么这一灵活性也将让迁移变得更为容易。

另一个重要的优势是计算节点能够运行在闲置的商业硬件上。需要存储的数据既可以保存在昂贵且冗余的企业硬件上，也可以保存在拥有 Swift 等内置式冗余的组件上。因此，计算节点本身有可能成为基础设施中独立的闲置组件，在需要时启动，以及被附加在存储后端的相同服务器替代。最后，对于用户来说，升级也得到了简化。如果正在测试的系统有新的副本，那么可从 Cinder 卷对生产数据进行快照，然后将其附加至测试系统中，看看是否能够正常工作。

宠物与家畜

如果在云计算中不知道宠物和家畜这一隐喻的话，那么现在是了解这一隐喻的来龙去脉的时候了。

在云计算近期受到青睐以前，系统管理员会与我们的经理们协作，对服务器硬件进行规范并共同制订采购预算。新的服务器将交付给设施。在那里，我们将安装操作系统并将它们安装在数据中心的机架上。服务器将被贴上写有名称的漂亮标签。随着时间的推移，我们还需要维护和升级这一服务器。在操作系统和硬件的失败与升级的过程中，服务器也需要升级。我们可能开始注意到硬件存在的一些特殊问题：一台服务器可能有拥有一个脆弱的板载 NIC，因此我们的笔记会记载我们添加了一块额外的网卡；另一台机器可能需要花上一些时间进行重启。随着时间的推移，我们会变得熟悉自己设置和维护的服务器，就如同对待宠物一样。

当工作负载和业务开始迁移至针对这些工作负载的云上时，所有的事情都发生了变化。单个服务器不再存储一些特殊的问题，并且很容易迁移。与适时地进行升级相比，彻底替换掉服务器变得越来越普遍。公司会编写工具管理大型基础设施中的服务器机群，而不是管理单个的服务器。这时服务器变得更像家畜而不再像是宠物。

作为系统工程师和动物爱好者，我仍然喜爱宠物和家畜，但是对于服务器来说，我的态度则不是这样。这一隐喻形象地展现了在云环境中对待服务器的方式之间的区别。

8.1.2　数据处理

无论是在电影制片公司还是在研究所里，使用计算节点进行数据处理和分析是云基础设施的一个常见用途。但是这些数据被存储在了哪里，它们在公司中又是如何共享的呢？当使用的计算节点空间用完了，要做些什么呢？通过 Cinder 块存储，用户能够在创建之后对卷进行扩展，或是根据自己的需求创建一个新卷，并花上几分钟时间将它们附加到正在运行的实例上。由于数据太多耗尽了实例上的硬盘空间已经不再是一个问题。

此外，如果已经意识到需要更多的处理器或内存，只需要简单地创建一个新的计算实例并将卷迁移至新实例。所有的数据将会跟随用户到新的服务器上。

8.1.3 保持备份

确保数据进行了备份和复制是一个常见的顾虑，Cinder 为此提供了多种选项。如之前提到的，它们为许多后端提供了一个抽象层，因此用户在自己的环境中有许多选项。不仅如此，Cinder 还提供了不同类型的备份。

OpenStack 支持的许多虚拟化技术都有内置的快照功能，OpenStack 的块存储也有这样的功能。使用现有的配置，卷可作为快照备份至其他的块存储卷，并且能够由用户自己使用。无论是云提供商提供的备份服务，还是 OpenStack 云为用户提供的自动服务，这些都是非常有价值的服务。

用户还能够对卷进行复制。许多后端都非常智能，能够进行即写即复制，这样一来不会发生真实的复制动作。新的卷会参考其所复制的现有卷，并在上面写入数据。这使得备份的速度非常快。一些快照功能还可以在后端进行这一工作，不过每个厂商的解决方案使用起来存在差异。

除了快照，Cinder 还提供一个能够让用户将块数据备份至对象存储的备份服务。这有助于处理整个块存储后端完全下线的场景。与快照不同，它们还可进行差异备份和增量备份，仅对实际使用的数据进行备份，而不是备份整个卷和未使用的数据。

在本章中，我们不会花过多的时间在备份场景上。相反，我们将关注在以实例为重点的环境中添加卷。在这里，我们需要为实例添加卷。为此，读者需要记住一些重要的选项。

8.2 系统要求

在这个部署场景当中需要再次使用到第 5 章中创建的控制器和计算节点。我们将通过控制器上的 Cinder 创建一个 10 GB 的卷组。第 5 章中的最低规范可轻松地为此提供支持。

选择组件

除了基础性工具外，我们还将为本场景中的部署添加一个 Cinder 块存储。这将扩展我们的基础安装，让它们拥有下列服务，配置如图 8-1 所示：

- 计算（Nova）；

- 身份（Keystone）；
- 网络（Neutron）；
- 镜像服务（Glance）；
- 仪表盘（Horizon）；
- 块存储（Cinder）。

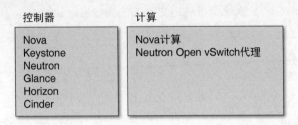

图 8-1   带有 Cinder 块存储的双系统 OpenStack 部署的组件

8.3   架构概览

在第 1 章中，我们简要地介绍了构成块存储（Cinder）服务的组件 cinder-api、cinder-scheduler、cinder-volume 和 cinder-backup。用户很可能仅接触到 API。但是作为运维人员，在我们试图对如何构建系统和调试问题做出决策时，理解这一服务的架构非常重要。

当用户请求进来时，无论是来自 OpenStack 仪表盘（Horizon）、OpenStack 客户端（OSC），还是通过软件开发工具包（SDK），它们都会连接 Cinder 的 API。这个 API 将会与数据库进行对话，首先是存储这个请求，然后将状态设置为创建和保留配额使用量。API 还将与消息队列进行交互。消息队列将请求传递给 Cinder 的调度器，它们会决定在哪里进行修改。例如，如果用户请求创建一个卷，调度器将确定哪些存储设备能够满足用户对卷（规模、磁盘类型）提出的条件，然后将它们发送给合适的卷管理器。Cinder 卷管理器将直接使用驱动程序与存储后端连接。存储后端可能是一个带有 Ceph 节点的数据中心或是一个专有的且带有 Cinder 驱动程序的网络附加存储（NAS）设备。一旦知道卷已经成功创建，卷管理器还将与数据库对话以提交预留配额。卷的状态将被设置成"available"（可用），因此用户能够知道卷可能使用了。图 8-2 展示了单个服务是如何共同工作的。

Cinder 可用的所有正版驱动程序都通过了 OpenStack 项目中的上游 Cinder 团队的验证测试。为了实现这一目标，所有的厂商都需要在所有的修改上运行一个持续集成（CI）测试。测试结果将报告给公共的 OpenStack 评审系统。关于最新支持的驱动程序，可访问 OpenStack Marketplace Drivers 网页，查看官方列表。

在构建生产型 OpenStack 部署时，关注驱动程序并了解支持哪些驱动程序非常关键。在考虑解决方案时，务必要研究对自己所选择的存储后端的支持情况，调查一下解决方案或厂商在 OpenStack 中已被支持了多长时间，以及在与 Cinder 卷管理器交互时它们支持哪些东西。

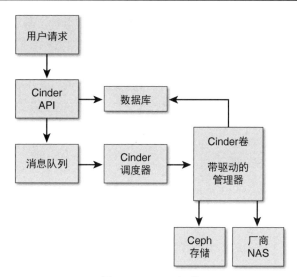

图 8-2　Cinder 概览

8.4　场景

　　除了以计算为重点的部署外，如我们在第 6 章和第 7 章看到的部署，使用 Cinder 块存储意味着我们现在能够为用户提供真正的永久存储。由于添加了一个额外的组件，我们需要再次使用 Puppet 完成一些设置以配置这一存储。

8.4.1　控制器节点设置

　　如果使用的是第 5 章中的控制器节点和计算节点，那么只需要运行一个命令即可添加对 Cinder 块存储的支持。在本场景中，我们只需要对控制器节点进行修改，无需对计算节点进行任何修改。

> **提示**
>
> 　　在阅读本章之前是否阅读了第 7 章？读者应该创建一个新的环境。虽然 OpenStack 为模块化，但是在进入第 12 章之前我们不要设计自己的基础模块并让它们协同工作。

　　这个命令为一个 `puppet apply` 命令，它们将在 Puppet 中处理基础性的块存储角色。

```
$ sudo puppet apply /etc/puppet/modules/deployments/manifests/role/foundations_block_
storage.pp
```

　　在下载 Cinder 所需的所有东西以及设置配置时需要花上一些时间。如果任何东西出现了错误或是命令无法执行，记住 Puppet 还能够与 `--debug` 标志一起运行，以显示更多的细节。

　　在运行期间，我们可以看一下这个文件中包含了哪些内容。

这将调用我们的基础角色，意味着如果还未为控制器设置一个基础角色，它们将做这一工作。总的来说，这是一个安全的举措，我们仍推荐读者独立地运行它们，以防需要做故障排除工作。

```
class deployments::role::foundations_block_storage {
  include deployments::role::foundations
  include deployments::profile::cinder
}

include deployments::role::foundations_block_storage
```

随后，它们会调用我们的 Cinder 块存储配置文件。读者可以在/etc/puppet/modules/deployments/manifests/profile/cinder.pp 浏览控制器文件系统。它们包含了以下内容。

```
class deployments::profile::cinder
{
  include ::cinder
  include ::cinder::api
  include ::cinder::ceilometer
  include ::cinder::config
  include ::cinder::db::mysql
  include ::cinder::keystone::auth
  include ::cinder::scheduler
  include ::cinder::volume
  include ::cinder::setup_test_volume

  file { '/etc/init/cinder-loopback.conf':
    owner   => 'root',
    group   => 'root',
    mode    => '0644',
    content => template('deployments/cinder-loopback.conf.erb'),
  }
```

这个配置文件将为 Cinder 拉入我们需要的各种组件。与 OpenStack 中的其他服务一样，Cinder 需要一个 API、数据库和 Keystone 身份验证。如果读者需要利用 Ceilometer 的遥测服务追踪使用情况，我们也会将 Ceilometer 包括进来。拉入配置可以帮助管理读者可能希望的任意 Cinder 配置。块存储中调度器的使用方式与其他 OpenStack 服务使用调度器的方式一样。通过调度器可以查看用户对卷的需求，然后随机选择一个能够创建符合条件的卷的存储设备后端。如读者所期望的那样，拉入 cinder::volume 是为了 Cinder 卷管理器。和本章早些时候介绍的一样，它们能够与实际控制存储后端的驱动程序进行交互，无论这些设备是即将使用的带有 LVM（Linux 卷管理器）的简单环回设备，还是专有的 NAS 设备。

这个文件的最后几行将使用 Puppet 模块的功能配置一个测试卷。为了简单起见，我们使用这一 setup_test_volume。它们会在一个环回（默认为/dev/loop2）设备上创建一个 10 GB 文件，并将其添加至 LVM 作为一个单独的逻辑组。在我们的 cinder.pp 中还将创建一个 init 文件，以在控制器重启的情况下确保文件的安装以及卷组的激活。

注意

LVM 是什么？LVM 的官方网页的地址为 http://www.sourceware.org/lvm2/。读者可在线从这里获得各种免费的资源和使用介绍，尤其是针对基础控制的资源和使用介绍。

在完成 `puppet apply` 命令后，开始创建卷和将它们附加到实例的工作就已经准备就绪了。

8.4.2 创建和附加卷：仪表盘

我们首先将使用 OpenStack 仪表盘（Horizon）创建和附加一个卷。在块存储（Cinder）组件已被安装的情况下，当我们使用自己的测试用户登录仪表盘后，将会在左边 Project 之下的 Compute 中看一个针对 Volumes 的部分，如图 8-3 所示。

图 8-3　仪表盘中空白的默认 Volumes 页面

1. 创建一个卷

在这个页面上，需要单击 Create Volume 按钮，此时会弹出一个与图 8-4 相似的对话。在这里可输入希望创建的卷的信息。一些字段会自动填充，剩余部分需要读者自己填写。

卷名是在参考卷时需要用到的。描述是一个可选项，可用它来做我们想做的事情，也可以作为一个提示，提醒我们这个卷的目的是什么。Volume Source 让我们能够使用定义数据对卷进行预填充。默认情况下，它们会查询 Image Storage（Glance）服务，并作为一个选项让我们能够将镜像放到新创建的卷上。我们可能还需要创建一个带有基本的文件系统和针对新卷的分区表的 Volume Source。这样，我们将它们安装在实例上之后不需要再创建了。在这个场景中，我们将仅使用 No source 和 empty volume。在将它们添加至实例后，将介绍如何对它们进行分区和模式化。

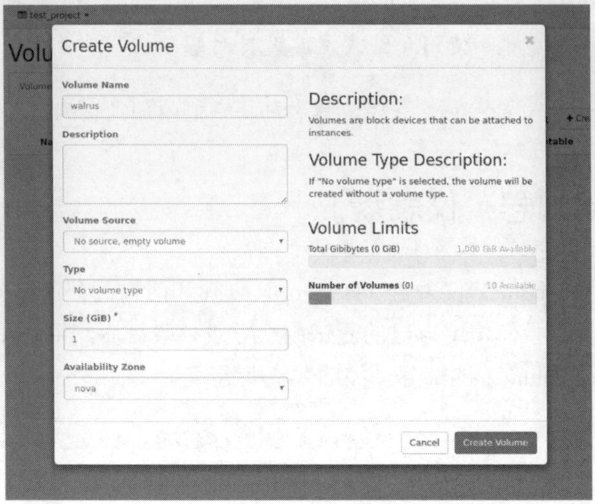

图 8-4   在仪表盘中创建一个卷

卷的类型将通知调度器我们需要使用什么类型的存储后端。从客户的角度出发，我们需要利用不同的属性将类型定义为分层式的多样化存储，如存储设备速度、服务质量（QoS）要求或层是否有复制等。根据客户选择的选项，价格也不尽相同。站在我们的角度，这意味着其中的一个层可能正在使用 Ceph，而另一个层为了提供希望的品质可能正在使用专有的 NAS 设备。我们没有设置卷类型，对于这个示例，它们将继续保持"No volume type"的状态。我们的设备仅有 10 GB，因此开始将创建一个 1 GB 的卷，并将它们附加至实例上。可用区域与计算（Nova）中的一样。目前它们必须要与希望实例驻留的区域匹配。在我们的部署场景中，我们仅有一个单独的可用区域，因此默认的 Nova 应当保持被选中的状态。

当完成这些工作后，可以单击 Create Volume 开始创建卷。我们将会返回至仪表盘的 Volumes 页面。我们在这里将会看到一个如图 8-5 所示的新卷。

图 8-5   一个名为 walrus 的卷已被创建

2. 附加一个卷

卷本身并没有太多的价值，因此现在需要将其附加在一个计算实例上。如果没有一个运行的实例，可以在 Instances 仪表盘上用 CirrOS 镜像创建一个基本的实例。如果需要重新温习一下创建实例的步骤，可以重新阅读第 6 章。

在仪表盘中附加卷可以通过位于卷被列出之处右侧的下拉菜单完成。通过该菜单，选择 Manage Attachments 会弹出一个窗口。在这个窗口中可以将卷附加至实例（见图 8-6）。

图 8-6　管理卷附件

在这个示例中，有一个名为 giraffe 的正在运行中的实例，其中还包含了 UUID，因为名字在计算（Nova）中会被重复使用。此外，还有一个可选的 Device Name 部分。我们可以在这里定义当卷被附加至实例时卷的名称。在这里保持空白也是安全的，名称将会自动指定。在完成选择附加的实例后，单击 Attach Volume。

当卷完成附加之后，我们能够在仪表盘中看到"Attached to"后面跟着实例名称和设备名称（如图 8-7 所示）。

图 8-7　卷已经被附加

下一步我们需要登录实例，查看设备是否已被成功附加。无论是通过仪表盘还是通过命令行完成的，程序都是一样的。下面我们将继续学习在命令行上使用 OpenStack 客户端对卷进行附加的程序，或是跳至 8.4.4 节学习使用新的卷需要做哪些工作。

8.4.3 创建和附加卷：OpenStack 客户端

如之前所讨论的一样，对于完成大部分可能需要的简单操作来说，仪表盘是一种最方便的与 OpenStack 交互的方式。尽管如此，读者将会发现，大多数运维人员更愿意使用命令行或 SDK 进行交互。正因如此，现在将介绍与使用仪表盘所做的相同工作，不过取而代之的是使用 OpenStack 客户端（OSC）。

OSC 很小，可很容易地从任何有权访问服务 API 端点的系统处运行它们。在我们的部署场景中，这意味着它们必须要运行在与控制器节点相同的网络上。我们还必须要有权访问创建在控制器节点和计算节点上的/etc/openrc.test 文件。因此对于这些命令，我们将假设读者在自己的控制器中运行所有的东西。

1. 创建一个卷

为了创建这个卷，我们将使用测试用户，因为它们还将被附加至一个由测试用户所拥有的计算实例上。首先，我们将从 openrc 文件中带入针对测试用户的环境变量。然后，我们将发布命令创建一个使用这一存储后端的 1 GB 实例。除名称外，我们将使用与通过 OpenStack 仪表盘（Horizon）创建卷相同的规范。这意味着我们将创建一个 1 GB 的空白卷（没有分区表、文件系统或数据），并且这个卷位于名为 nova 的默认可用区域内。

> **提示**
>
> 读者会注意到，OpenStack 命令经常会输出大量无法与页面相匹配的详细情况。这一命令的许多命令输出都按章节排序存储在一个 GitHub 存储库内，网址为 https://github.com /DeploymentsBook/scripts-and-configs。

```
$ source /etc/openrc.test
$ openstack volume create --size 1 --availability-zone nova seaotter
+---------------------+--------------------------------------+
| Field               | Value                                |
+---------------------+--------------------------------------+
| attachments         | []                                   |
| availability_zone   | nova                                 |
| bootable            | false                                |
| consistencygroup_id | None                                 |
| created_at          | 2016-04-15T04:19:46.086611           |
| description         | None                                 |
| encrypted           | False                                |
```

```
| id                  | 53372cc5-087a-4342-a67b-397477e1a4f2 |
| multiattach         | False                                |
| name                | seaotter                             |
| properties          |                                      |
| replication_status  | disabled                             |
| size                | 1                                    |
| snapshot_id         | None                                 |
| source_volid        | None                                 |
| status              | creating                             |
| type                | None                                 |
| updated_at          | None                                 |
| user_id             | aa347b98f1734f66b1331784241fa15a     |
+---------------------+--------------------------------------+
```

为了确认卷是否已经被创建,可运行一个命令列出这些卷(见代码清单 8-1)。

如所看到的一样,walrus 和 seaotter 卷都被列了出来,因为它们都是在本章中所创建的。Walrus 卷展示它们被附加至了 giraffe 实例上。

如果需要对卷进行修改,可使用 openstack volume set 命令。该命令可提供一些帮助性输出,帮助我们在将卷附加至实例之前对所有参数进行的修改。

2. 附加一个卷

和之前所提到的一样,如果卷没有被附加至实例上,就无法对卷做更多的工作。我们现在需要将新卷附加至实例上,首先需要查看哪些实例可用:

```
$ openstack server list
+--------------------------------------+--------+--------+-----------------+
| ID                                   | Name   | Status | Networks        |
+--------------------------------------+--------+--------+-----------------+
| 823f2d7a-f186-4453-874d-4021ff2b22e4 | giraffe| ACTIVE | private=10.0.0.3|
+--------------------------------------+--------+--------+-----------------+
```

在确认了拥有正在运行的实例后,我们需要运行命令将 seaotter 卷附加至 giraffe 实例上:

```
$ openstack server add volume giraffe seaotter
```

这个命令没有输出,但是当下次运行 volume list 命令时,我们将会看到这个卷已经被添加了(见代码清单 8-2)。

由于 giraffe 实例已将 walrus 卷作为/dev/vdb 添加了,需要注意,它们也会将 seaotter 卷作为/ /dev/vdc 添加。

恭喜,现在已经通过命令行成功地向实例添加了一个 Cinder 块存储卷。

代码清单 8-1

```
$ openstack volume list
+--------------------------------------+--------------+-----------+------+---------------------------------+
| ID                                   | Display Name | Status    | Size | Attached to                     |
+--------------------------------------+--------------+-----------+------+---------------------------------+
| 53372cc5-087a-4342-a67b-397477e1a4f2 | seaotter     | available | 1    |                                 |
| 54447e7a-d39d-4186-a5b4-3a5fc1e773aa | walrus       | in-use    | 1    | Attached to giraffe on /dev/vdb |
+--------------------------------------+--------------+-----------+------+---------------------------------+
```

代码清单 8-2

```
$ openstack volume list
+--------------------------------------+--------------+--------+------+---------------------------------+
| ID                                   | Display Name | Status | Size | Attached to                     |
+--------------------------------------+--------------+--------+------+---------------------------------+
| 53372cc5-087a-4342-a67b-397477e1a4f2 | seaotter     | in-use | 1    | Attached to giraffe on /dev/vdc |
| 54447e7a-d39d-4186-a5b4-3a5fc1e773aa | walrus       | in-use | 1    | Attached to giraffe on /dev/vdb |
+--------------------------------------+--------------+--------+------+---------------------------------+
```

8.4.4　使用卷

无论是使用 OpenStack 仪表盘还是命令行创建并添加卷，现在需要实际确认卷已被添加，然后继续通过我们的实例使用它们。为了运行下列命令，在仪表盘中使用控制台可能更为容易，但是如果读者在前一章中一直遵从我们的指导，那么读者的 CirrOS 实例已经针对 SSH（Secure Shell）进行了设置，可以自由地使用 SSH 进行替代。

假定读者正在使用仪表盘，那么在 OpenStack 仪表盘中导航至 Instances 窗口，然后在添加卷的实例的右边下拉菜单中选择 Console。这时会切换至针对该实例的控制台。在进入控制台页面后，如果无法在控制台中进行输入，可单击 Click here 仅显示控制台。这时将进入一个仅有控制台的页面。

根据下列指导登录实例，并运行下列命令：

```
$ dmesg
```

这可能会显示许多输出，但是读者在最后应该会看到下列输出：

```
[ 648.143431] vdb: unknown partition table
```

这个 vdb 设备为读者的新的块存储（Cinder）卷。在这个阶段，它们是没有分区表或文件系统的，因此需要使用 fdisk 进行设置。在这个示例中假定设备为 vdb，可通过 fdisk 进行分区：

```
$ sudo fdisk /dev/vdb
Device contains neither a valid DOS partition table, nor Sun, SGI or OSF disklabel
Building a new DOS disklabel with disk identifier 0xcf80b0a5.
Changes will remain in memory only, until you decide to write them.
After that, of course, the previous content won't be recoverable.

Warning: invalid flag 0x0000 of partition table 4 will be corrected by w(rite)

Command (m for help): n
Partition type:
   p   primary (0 primary, 0 extended, 4 free)
   e   extended
Select (default p): p
Partition number (1-4, default 1): 1
First sector (2048-2097151, default 2048): 2048
Last sector, +sectors or +size{K,M,G} (2048-2097151, default 2097151): 2097151

Command (m for help): p

Disk /dev/vdb: 1073 MB, 1073741824 bytes
16 heads, 63 sectors/track, 2080 cylinders, total 2097152 sectors
Units = sectors of 1 * 512 = 512 bytes
Sector size (logical/physical): 512 bytes / 512 bytes
```

```
I/O size (minimum/optimal): 512 bytes / 512 bytes
Disk identifier: 0xcf80b0a5

    Device Boot        Start         End       Blocks   Id  System
/dev/vdb1              2048     2097151     1047552   83  Linux
Command (m for help): w
The partition table has been altered!

Calling ioctl() to re-read partition table.
Syncing disks.
```

现在，我们需要在新磁盘上创建一个基本的文件系统。由于它们仅有一个 1 GB 的卷，并且是用作一个演示，因此我们将使用 ext2 文件系统。

```
$ sudo mkfs.ext2 /dev/vdb1
mke2fs 1.42.2 (27-Mar-2012)
Filesystem label=
OS type: Linux
Block size=4096 (log=2)
Fragment size=4096 (log=2)
Stride=0 blocks, Stripe width=0 blocks
65536 inodes, 261888 blocks
13094 blocks (5.00%) reserved for the super user
First data block=0
Maximum filesystem blocks=268435456
8 block groups
32768 blocks per group, 32768 fragments per group
8192 inodes per group
Superblock backups stored on blocks:
        32768, 98304, 163840, 229376

Allocating group tables: done
Writing inode tables: done
Writing superblocks and filesystem accounting information: done
```

最后一步是创建一个安装点，安装新的卷。假如我们需要使用该卷存放照片，那么可为此创建一个目录。然后我们将检查并确认它们的大小是否是我们所希望的。

```
$ mkdir photos
$ sudo mount /dev/vdb1 photos/
$ df -h | grep vdb1
/dev/vdb1             1006.9M     1.3M     954.5M   0% /home/cirros/photos
$ df -h /dev/vdb1
Filesystem            Size   Used Available Use% Mounted on
/dev/vdb1             1006.9M     1.3M     954.5M   0% /home/cirros/photos
```

恭喜，来自块存储服务 Cinder 的 1 GB 卷已经安装在读者的系统上。注意，它们是使用 root 用户安装的，因此读者需要将所有权调整给用户或是使用 root 在上面放置文件。

> **提示**
>
> 涉及 Cinder 块存储的文件权限是一件棘手的事情。在使用 Linux 文件系统时，文件会被用户和组 ID（UID 和 GID）引用。除非读者通过带有默认用户和组或配置管理的定制镜像经常性地在不同实例中保持 ID 的一致性，因为在这些定制镜像中 ID 均被具体指定，否则这些 ID 在不同的机器之间很容易出现不同。
>
> 由于 ID 可能会出现不同，将来自块存储的卷安装在实例上，然后再将它们卸载并添加到另外一个实例上可能会导致文件所有权全部出现错误。在开始尝试移动卷时，需要牢记这一点。在规划将卷转移至另一个实例时，需要将经常性地检查许可权限作为一个步骤。

8.4.5 自动化

像我们在关于私有云和公有云的几章中介绍的一样，我们不只是需要通过 OpenStack 仪表盘或 OpenStack 客户端与 OpenStack 进行交互，可能还需要通过不同的 SDK 与 API 进行交互。读者可通过浏览 http://developer.openstack.org/学习相关知识。

8.5 小结

扩展和移动数据存储的需求在现代环境中正在不断增长，Cinder 块存储可以满足这种需求。它们提供了大量的存储后端驱动，能够支持从 LVM 和 Ceph 等开源工具到大量由厂商提供且经过测试的专有存储解决方案的所有内容。这一使用 Puppet 的部署场景向读者介绍了如何创建卷以及如何将它们添加至可使用它们的实例上。

第 9 章

对象存储云

> 我画什么东西是在我思考它们的时候，而不是在我看到它们的时候。
>
> ——巴勃罗·毕加索[1]

如第 8 章中所述，OpenStack 为存储提供了两种核心方式：对象存储和块存储。在块存储当中，用户通常将存储设备作为真实的文件系统安装在服务器上。对象存储则托管了单独的文件。这些文件随后会在应用中被引用并可通过 REST API 访问。这意味着，与在块存储等扁平的文件系统上托管文件相反，对象存储能够在高冗余和高可用性的存储系统中存储单独的文件或对象。对象存储还能够让用户通过访问控制对这些文件的访问权限进行调整，让它们在平台中可被选择性访问。

本章将介绍 OpenStack Swift 使用中的一些关键概念。在这里，读者将在自己的控制器上创建一个非常基本的对象存储配置。随后读者可通过 Horizon 仪表盘和计算节点对它们进行访问和交互。

9.1 使用

Swift 对象存储是 OpenStack 两个最初项目中的一个，另一个为 Nova。实际上，它们也是最初向许多云部署展示对象存储重要性的项目之一。

当对象存储刚被提供给公司，便开始出现了针对它们的应用了。从创建关于对象存储的共享文件系统到给予开发者足够的灵活性，让其在自己的应用中包含文件时无需担心数据访问和完整性问题，在可信任的冗余存储系统中存储文件的能力对于整个公司来说具有很高的价值。

---

[1] 巴勃罗·毕加索（Pablo Picasso），西班牙画家、雕塑家，现代艺术的创始人，西方现代派绘画的主要代表。
　　——译者注

9.1.1 网络托管公司

为了让公司的平台具有高可用性以及使资源更高效地使用，网络托管公司多年来采用了许多策略。最新的一个策略是在托管的对象存储上存储镜像和其他两进制对象，而不是将它们托管在单独的文件系统上。

通过利用对象存储，这些公司和机构已经能够从内置的冗余中受益，当某些硬件组件出现故障后仍然能够对这些资源进行访问。他们还能够采用宽泛的备份策略。这些策略不再以每名用户或每台服务器为基础进行，取而代之的是立即备份所有被用户使用过的对象。他们还能够整体使用分配给所有用户的空间，而非在扁平的文件系统上预留额外的可用空间，因为这些预留空间可能永远都不会被使用。这样一来从整体上降低了所需的存储空间。

9.1.2 文件同步与共享

如今，许多公司正在通过为已上传的共享文件提供链接服务，尝试着在个人和公司之间更为便捷地共享文件。

通过在公司内使用 Swift 对象存储，可以在对数据享有完全控制权的情况下实现这一目标。在此模式下，Swift 是针对文件访问 API 的存储和组织机制。由于用户接口是围绕它们构建的，因此用户能够手动上传、共享和访问文件。进而，台式机和智能手机接口也可用于在设备之间同步文件，如存储在手机上的照片或是主要在台式机上管理的音乐收藏。

9.1.3 日志存储

日志存储是一个棘手的问题，因为它们通常横跨许多行业，无论是存储服务器日志还是空间站的报告日志。虽然 OpenStack 项目基础设施团队目前还没有收到来自任何空间站的日志，但是用于测试 OpenStack 的基础设施每天会生成数个 GB 的日志。在很长一段时间内，这些日志都存储在块存储的扁平文件系统上，并且由基本的网络服务器向其提供服务。团队已经达到云提供商能够提供的最大存储上限，需要一个能够存储更多日志，且没有管理多台日志存储服务器的额外系统管理开销的解决方案。

目前该团队已决定使用 Swift 对象存储。在这个系统中，由版本系统生成的日志使用版本编号命名，然后上传至 Swift。在那里，它们可以呈现为带有自己版本编号的网络清单索引，开发者可通过代码评审系统中的链接获得它们。存储的所有维护工作交给了运行 Swift 集群的云提供商。基础设施团队的成员不必再担心日志服务器文件系统达到饱和，或是在很长的一段时期内没有充足的空间。基础设施团队目前能够将精力集中在解决更多受到关注的和复杂的问题上，而非繁琐的系统管理任务所带来的困扰。这也适用于开发者以及那些在公司中生成文件的贡献者。我们希望他们将重点放在他们应做的本职工作上，而不是操心文件存储这一类问题。

9.2 系统要求

和之前的几章一样，在本部署场景中，我们将使用第 5 章中创建的控制器节点和计算节点。我们将向控制器上传一系列简单的小文件，第 5 章中定义的最低规范可以很容易地为其提供支持。

9.2.1 选择组件

在本场景中，我们将添加 Swift 对象存储所需要的组件。这些组件和我们之前已有的组件使得我们能够提供一个满意的部署场景，不过需要注意 Swift 可以独立地运行其中的许多组件。例如，读者不需要一个单独的计算实例以发挥引用 Swift 上的对象的优势。读者可以从任意的一个平台访问 Swift 对象。

使用我们的 Puppet 配置时，两个节点部署场景将包含以下内容，配置如图 9-1 所示：

- 计算（Nova）；
- 身份（Keystone）；
- 网络（Neutron）；
- 镜像服务（Glance）；
- 仪表盘（Horizon）；
- 对象存储（Swift）。

图 9-1 带有 Swift 对象存储的双系统 OpenStack 部署的组件

9.2.2 关键概念

在深度使用 Swift 之前，需要理解一些关键的概念。不过，在此我们将仅简单地浏览一些读者可能会遇到的概念。根据存储环境，高级的配置会有相当大的变化。对于 Ring 和存储集群等东西的实际工作方式，合理的容量已经被写入。

1. 存储和集群

Swift 作为一个集群操作。生产集群将扩展存储数据的存储设备和区域。正如我们所讨论的那样，读者将使用 Ring 映射存储数据的集群，因此像代理服务器和对象复制器等 Swift 组件可以发现用于存储、检索或复制数据的真实设备。

> **提示**
>
> Swift 被设计成用于通过大量商业服务器分发文件，并可直接附加磁盘驱动器以提供便宜且冗余的快速存储。
>
> 因此，针对 Swift 使用网络附加存储（NAS）是不必要的。这一举措还将可能会带来更高的迟延和重复提供冗余，因为 Swift 已经提供冗余了。
>
> 尽管如此，如果方便，也可以将 Swift 和 NAS 存储一起使用。

在我们后面评估何时将组件整合在一起时，Swift 中会有 4 个不同类型的守护进程：代理、账户、容器和对象。它们经常部署在一起。生产集群由多个物理代理和存储节点组成。在本章后面的图 9-2 中，读者应该能够想像到，根据所执行的操作和请求的对象，Swift API 最终将连接带有容器和后端的集群中的任意服务器。

2. Ring

在配置 Swift 时，读者将会迅速熟悉 Ring 这个概念。可认为它们是部分数据库（part database）和部分配置文件（part configuration file）。Ring 用于决定数据应当存储在 Swift 对象存储集群上的位置，描述数据在集群中被复制次数等选项。Ring 存在于集群的各种层上，同时也存在于账户和容器数据库上，用于处理单独的对象存储策略。它们由一款名为 ring-builder 的 Swift 工具创建和管理。

在开始使用 Ring 时，读者需要熟悉设备、分区、副本和区域的概念，因为 Ring 会使用这些概念将对象映射至物理位置。

- 区——在物理上和操作上被明显隔离且数据专用的位置。一个区可能是一个机架的硬件或是多组机架的硬件，它们拥有自己的电源和与其他隔离区域的连接性。除了区，读者可能还会有域。在域中，数据被进一步隔离。
- 设备——数据专用的物理存储位置，通常是磁盘。设备可以被加权。例如，较大的驱动器可被赋予较高的权重，而较小的驱动器则可被赋予较低的权重。在硬盘驱动器的标准寿命周期中，可以从 Swift 集群中添加或移除设备。
- 分区——对象位于 Swift 分区上。分区可以被复制。Swift 管理文档推荐每个驱动器最少要有 100 个分区以确保在驱动器上分布平均，同时还对计算每个驱动器上的分区数量提出了建议。注意，分区不要太大，因为这将会增加复制时间。同时还要注意，这些分区与之前所熟悉的磁盘分区之间的不同。
- 副本——这将控制 Swift 在集群中存储数据的次数，以确保冗余。默认是 3 次。

以上是对 Ring 非常基础性的介绍。Swift 开发者文档位于 http://docs.openstack.org/developer

/swift/，其中包含了数量可观的文档，深入研究了存储决策、Ring 准备和管理等内容。关于 Ring，需要特别关注的部分是"Swift 架构概览"和手册中的"Ring"章节，前者详细介绍了 Ring 在哪里将发挥更重要的作用，后者对 Ring 展开了更深程度的描述。最后读者还需要参考管理员文档中的"部署指导"部分，其总体介绍了服务分发以及 Ring 的手动创建、操作和分发的步骤。

3. 对象和容器

正如我们所讨论的，Ring 是一个对象存储系统。对象是用户希望存储在某处的任意类型文件。它们可能是镜像、日志或 MP3 等。这些对象被存储在 Swift 称为容器的地方。容器则是众多对象的一个集合。

容器有一些特定属性，这些属性定义了谁有权访问它们，以及它们是否可以被公开访问。这些容器存储在 Swift 称为账户的地方。账户则是众多容器的一个集合。账户是数据专用的根存储位置。

容器：一个被过度使用的术语

在第 11 章中，我们讨论了在 OpenStack 中使用的容器。不过，那里的容器与我们在这里讨论的容器是不同的。

从架构图中可以看到，Swift 有一个容器的概念，其指可以放置对象的地方。尽管如此，从广义上说，在 OpenStack 和后面的章节中，容器则是指 Docker 和 Kubernetes 等技术。这些技术为运行应用提供了一个独立的操作系统环境。

在本章后面将看到的，在 OpenStack 客户端（OSC），容器这一术语指在 Swift 中的使用。

重复使用的术语，除了容器还有一些别的术语。Swift 中的区域（Regions）与 Keystone 中的区域是不同的。之前已简单提到过，Swift 中的分区与标准磁盘分区是两个不同的东西。

---

4. 连接至 Swift

像其他的 OpenStack 组件一样，与 Swift 交互可通过 API 完成。API 会与 Swift 代理通信，在 Ring 中查看账户、容器或对象位置并完成相应的运作。其工作方式的基本展示如图 9-2 所示。虽然不会在图中显示，但是需要注意，集群由多个服务器组成。这些服务器均包含了那些在集群中被复制的对象。

存储后端通常为多个带有磁盘的服务器。它们具有充足的灵活性，可成为从用于展示的回环文件系统到 NAS 设备的任何东西。在我们的部署场景中，我们将在控制器上使用 3 个简单的 XFS 文件系统作为一个回环设备。这样做只是出于展示目的，因此我们能够继续使用双系统和有限资源的约束条件。一系列像这样的回环设备永远都不会在生产中使用，因为它们没有容错功能。

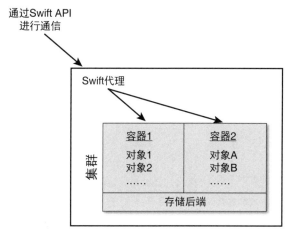

图 9-2　连接至 Swift 的概览

容错

　　在讨论 Ring 时曾简单探讨过,从事 Swift 的工程师已经将大量的工作放在了冗余和容错上。在这里不再对它们进行深度探讨,我们的部署场景也不会涉及它们,不过以下内容是一个快速入门介绍。

　　Swift 存储数据副本横跨了尽可能多的独特失效域。一个失效域是当设备或服务出现问题受到影响的网络区域。这一问题的解决办法是在独立的 Swift 区中都放置设备。

　　考虑使用独立的 3 个机架服务器的简单场景,以此代表 3 个区,针对 Swift 集群设置的副本存储次数默认也是 3 次。Swift 将在每个区内存储一个对象的副本,因此用户仍然能够访问对象。

　　当部署中的设备为单个磁盘中的回环设备时,就如我们的部署场景。如果磁盘出现了故障,所有的副本都会立即丢失。大多数的 OpenStack 在这时也会出现故障,因为除了计算,所有的东西都在读者的单个控制器上运行。

9.3　场景

　　如我们在第 8 章中展示的一样,我们现在能够为用户提供真实而持久的存储。这时,我们将提供对象形式的存储而不是文件系统。这对于我们希望进行外部访问的一系列单个文件来说非常具有价值。由于添加了额外的组件,一些设置需要再次通过 Puppet 完成以配置这一存储。

9.3.1　控制器节点设置

使用第 5 章中的控制器节点和计算节点，我们只需要运行一个命令即可添加对 Swift 对象存储的支持。此外，在这一场景中，我们只需要修改控制器节点，计算节点不需要进行任何修改。

以下为 puppet apply 命令，它们将在 Puppet 中处理基础的对象存储角色。

```
$ sudo puppet apply /etc/puppet/modules/deployments/manifests/role/foundations_object
_storage.pp
```

根据系统和网络的速度，在下载 Swift 所需要的所有内容以及设置配置时需要一些时间。如果出现了错误以及命令失败，Puppet 可带着--debug 标志运行以显示更多的细节。

在运行期间，我们可以查看 foundations_object_storage.pp 文件中包含了哪些内容。

```
class deployments::role::foundations_object_storage {
  include deployments::role::foundations
  include deployments::profile::swift
}

include deployments::role::foundations_object_storage
```

如之前所看到的，它们正调用我们的基础角色以确保所有的基本组件都被安装。这主要是出于安全的目的,仍然推荐读者遵循第 5 章中的步骤以确保运行没有错误。它们包括了针对 Swift 本身的配置文件。读者可在/etc/puppet/modules/deployments/manifests/profile/swift.pp 的控制器文件系统中看到它们。其中包含了以下内容。

```
cat

class deployments::profile::swift
{
  include ::memcached
  include ::swift
  include ::swift::keystone::auth
  include ::swift::proxy
  include ::swift::proxy::account_quotas
  include ::swift::proxy::authtoken
  include ::swift::proxy::cache
  include ::swift::proxy::catch_errors
  include ::swift::proxy::container_quotas
```

```
include ::swift::proxy::formpost
include ::swift::proxy::healthcheck
include ::swift::proxy::keystone
include ::swift::proxy::proxy_logging
include ::swift::proxy::ratelimit
include ::swift::proxy::staticweb
include ::swift::proxy::tempurl
include ::swift::proxy::tempauth
include ::swift::ringbuilder
include ::swift::storage::all

$swift_components = ['account', 'container', 'object']
swift::storage::filter::recon { $swift_components : }
swift::storage::filter::healthcheck { $swift_components : }

file { '/srv/node':
  ensure  => directory,
  owner   => 'swift',
  group   => 'swift',
  require => Package['swift'],
}

$loopback_devices = hiera('swift_loopback_devices', {})
if ! empty($loopback_devices) {
  create_resources('swift::storage::loopback', $loopback_devices)
}

$object_devices = hiera('swift_ring_object_devices', {})
if ! empty($object_devices) {
  create_resources('ring_object_device', $object_devices)
}
$container_devices = hiera('swift_ring_container_devices', {})
if ! empty($container_devices) {
  create_resources('ring_container_device', $container_devices)
}
$account_devices = hiera('swift_ring_account_devices', {})
if ! empty($account_devices) {
  create_resources('ring_account_device', $account_devices)
}

}
```

正如所见，我们拉入了许多内容并完成了一些 Swift 所需配置，以使用一个我们将添加的本地存储点。我们拉入了 memcached，以缓存特定类型的查询，如认证令牌以及引用的容器或账户是否存在。它们并不缓存对象本身。与其他的服务一样，我们将使用 Keystone 进行身份验证，因此需要确保其中包含了 Keystone 支持。在部署中，我们还将拉入所有的存储机制（storage::all）以便能够使用它们。不过需要注意的是，我们在这一部署示例中使用了 3 个 XFS 回环设备。

我们还将拉入各种代理清单。它们依次为：

- `account_quotas`——提供了在账户中设置配置的能力（一个 Swift "账户" 对应一个 Keystone "项目"，亦称 "租户"），注意，账户本身为 Keystone 的一部分；
- `authtoken`——支持身份验证的标准令牌；
- `cache`——针对特定类型的查询，支持缓存、使用 memcached；
- `catch_errors`——捕捉发生在代理上的错误，并将错误变为对应的错误报告；
- `container_quotas`——提供了在特定容器上设置配额的能力；
- `formpost`——支持使用 HTML 格式 POST 上传对象；
- `healthcheck`——一款简单的工具，用于监视 Swift 代理服务器是否活动，在向负载平衡器上添加多个代理时也会用到它们；
- `keystoneauth`——用于管理针对 Swift 代理的 Keystone 中间件；
- `proxy_logging`——为代理服务器的所有外部 API 请求提供定制的日志；
- `ratelimit`——支持对账户和容器的限速，因此能够阻止单个账户在集群中使用过多的资源；
- `staticweb`——支持 Swift 静态网页中间件，以创建静态网站；
- `tempurl`——支持对对象的临时访问；
- `tempauth`——参考中间件以创建定制的身份验证组件，它们在生产中应当永远都不会被用上，但是对于开发和测试非常有用。

Swift 的 Puppet 配置文件中的最后部分设置了 XFS 回环设备（1-3）。这些设备将用于存储我们为容器创建的对象。

最后，Ring 在本章中已经被讨论过。我们可能通过调用 Swift 的 ringbuilder 清单管理这些 Ring。

> **警告**
>
> 　我们的部署仅为一个示例，并没有为投入生产准备就绪。使用本模块的 Ring 配置也没有为生产准备就绪，因此在为真实部署配置时需要注意到这一点。如果没有正确使用 Puppet Swift 模块，每台主机上的 Ring 都会存在差异。这将导致数据持久性存在较高风险。
>
> 　在编写本书时，Swift 团队中的成员针对 Puppet 模块提出了架构修改。这将使模块的使用变得更为容易，更为精准，帮助运维人员远离错误配置。Puppet 配置未来可能会发生变化。
>
> 　在许多部署当中，Ring 是通过手动创建，然后再被复制到所有节点，而非使用 Puppet 模块。这需要深度研究 ring-builder 的使用，而非 Puppet 模块。这已经超出了本章的介绍范围，不过对于读者的部署它们可能是一个更好的选择。
>
> 　在为部署做准备时，读者需要重新阅读 9.2.2 节，对自己需要做出的存储决策进一步展开深度研究。

现在让我们回头看一下运行的 Puppet 命令。在这一命令完成后，我们就已经做好了将文件添加至对象存储和共享它们的准备工作。

9.3.2 创建容器和对象：仪表盘

为了使用 Swift 对象存储，首先要创建一个容器以容纳对象。我们需要通过测试用户登录 Horizon 仪表盘，并在左边菜单中导航至 Object Store。

在这个窗口中，单击旁边有加号且标记为 Container 的按钮。这时会弹出 Create Container 窗口，如图 9-3 所示。

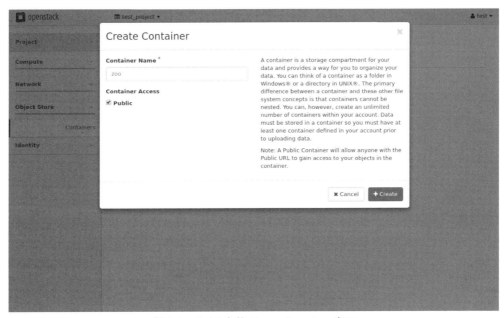

图 9-3　Swift 中的 Create Container 窗口

由于容器是一个对象的集合，我们将其命名为"zoo"，并在其中放入一些以动物为主题的文件。然后勾选"Public"复选框，这样就可以通过 http 从 OpenStack 外部访问容器。在本章的后面我们将使用它们在 Web 页面上显示一个对象。

单击 Create 按钮后，将会返回 Object Store 页面。在这里可以单击容器的名称并查看详细情况，如图 9-4 所示。

现在，我们需要向容器添加对象。记住，一个对象为一个文件，这样可以上传所有作为对象的内容。作为一个简单的测试，我们以一个简单的文本文件开始。在相同的机器上，读者可通过运行 Web 浏览器访问 Horizon 仪表盘，打开一个终端并创建一个简单的文本文件。

```
$ echo "Black and white striped African equid" > zebra.txt
```

图 9-4　在 Swift Object Store 窗口查看容器

单击带有向上箭头且位于红色垃圾桶图标左边的图标并上传该对象。图 9-5 中 Upload File To: zoo 窗口将会弹出，以使读者从文件系统中选择文件并上传它们。单击 Upload File 按钮以完成这一操作。

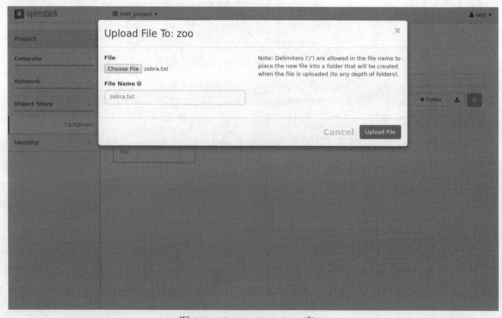

图 9-5　Create Container 窗口

读者可多次执行这一操作上传多个不同类型的文件。针对在 Web 网站上包含有镜像的现实世界中的示例，添加镜像文件以在本章后面的介绍当中使用。由于 Swift 标志是一只鸟，我们上传了 eagle.jpg。zoo 容器中的文件列表将如图 9-6 所示。

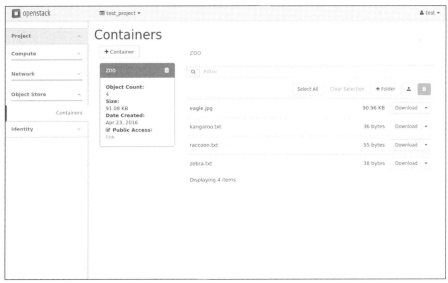

图 9-6　带有 zoo 容器和内容的 Object Store 窗口

为了获得关于特定对象的更多情况，如大小和内容类型，可查看对象的右边并单击 Download 旁边向下的箭头。选择标示为 View Details 的选项。

这时会弹出一个带有对象基本信息的窗口，如图 9-7 所示。

图 9-7　Swift 中对象的详细情况

现在读者已经成功创建了一个容器并添加了一个对象。读者可以继续学习在命令行上使用 OpenStack 客户端创建容器和对象的程序或是跳至 9.3.4 节，阅读如何使用在现实世界示例中创建的对象。

9.3.3　创建容器和对象：OpenStack 客户端

仪表盘是一种与 OpenStack 交互的便捷方式，不过 OpenStack 客户端和特定语言的 API 可让用户在那些不包含 Horizon 仪表盘的部署中高效地进行这些操作。当在那些不包含许多其他 OpenStack 组件的独立部署中运行 Swift 时，这一点变得尤为有价值。为了操作简单，可登录控制器节点完成这些操作。

> **提醒**
>
> 　和前面几章一样，本章中 OpenStack 命令输出副本按章节顺序存储在一个 GitHub 存储库中并且可以在线阅读，网址为 https://github.com/DeploymentsBook/scripts-and-configs。

首先，我们需要做的是使用测试用户创建一个存放对象的容器。测试用户也将用于向这个容器添加对象。

```
$ source /etc/openrc.test
$ openstack container create aquarium
+--------------------------------------+-----------+-----------------------------------+
| account                              | container | x-trans-id                        |
+--------------------------------------+-----------+-----------------------------------+
| KEY_33a65b0402b047c097d21864b72c06be | aquarium  | tx8d138f08d743482a88735-00571c050f |
+--------------------------------------+-----------+-----------------------------------+
```

现在我们将创建两个简单的文本文件对象并添加至容器。

```
$ echo "An eight-legged cephalopod mollusc" > octopus.txt
$ echo "Common member of the sub-grouping of the mackerel family" > tuna.txt
```

现在将这些对象添加至名为 aquarium 的容器中。

```
$ openstack object create aquarium octopus.txt
+-------------+-----------+----------------------------------+
| object      | container | etag                             |
+-------------+-----------+----------------------------------+
| octopus.txt | aquarium  | 22d8654098afd1eeb1d22c5801c5466d |
+-------------+-----------+----------------------------------+
$ openstack object create aquarium tuna.txt
+----------+-----------+----------------------------------+
| object   | container | etag                             |
+----------+-----------+----------------------------------+
| tuna.txt | aquarium  | 1bef3811c46128a7b5d48d46ff04d9de |
+----------+-----------+----------------------------------+
```

为了显示容器中的这些对象，使用 `list` 命令。

```
$ openstack object list aquarium
+-------------+
| Name        |
+-------------+
| octopus.txt |
| tuna.txt    |
+-------------+
```

> **提示**
>
> 　与 OpenStack 的 `object list` 命令一起使用`--long` 标志，以获得容器文件中的基本细节。

还可以显示容器本身的详细情况，包括已经使用了多少存储和对象的数量。

```
$ openstack container show aquarium
+--------------+------------------------------------+
| Field        | Value                              |
+--------------+------------------------------------+
| account      | KEY_33a65b0402b047c097d21864b72c06be |
| bytes_used   | 92                                 |
| container    | aquarium                           |
| object_count | 2                                  |
+--------------+------------------------------------+
```

还可以向容器添加一张动物的图片，并通过 `object show` 让 Swift 显示该对象的属性。

```
$ openstack object show aquarium dolphin.jpg
+----------------+------------------------------------+
| Field          | Value                              |
+----------------+------------------------------------+
| account        | KEY_33a65b0402b047c097d21864b72c06be |
| container      | aquarium                           |
| content-length | 172154                             |
| content-type   | image/jpeg                         |
| etag           | 3b67f3cdf756bc0e3df05820398251bb   |
| last-modified  | Sat, 23 Apr 2016 23:43:15 GMT      |
| object         | dolphin.jpg                        |
| properties     | Orig-Filename='dolphin.jpg'        |
+----------------+------------------------------------+
```

正如所见，这将显示文件的类型（图片/jpeg）、大小和修改日期等信息。

9.3.4　使用对象

无论是使用 Horizon 还是 OSC 创建对象，现在都将需要实际使用这些对象。第一步是确保容器是公用的，然后需要找到特定文件的地址。在仪表盘中，导航至 Object Store 和 Containers，查看以前创建的 zoo 容器。单击 zoo 容器并确定 Public Access 旁边有一个复选标记，如图 9-8 所示。

图 9-8 一个带有 Public Access 授权的容器

单击 Public Access 下面的 link 将弹出一个 URL，如下所示：

```
http://10.190.0.8:8080/v1/KEY_33a65b0402b047c097d21864b72c06be/zoo
```

10.190.0.8 为服务器地址。读者的 Swift 代理服务器守护进程正在这里运行。由于在我们的场景中，仪表盘和 Swift（具体为 Swift 代理服务器）都在控制器上运行，因此这一地址与仪表盘地址相同。

现在，添加我们希望引用的对象的名称以在浏览器上加载对象。例如，上传了 eagle.jpg 图片，因此将使用下列地址获得这一对象。

```
http://10.190.0.8:8080/v1/KEY_33a65b0402b047c097d21864b72c06be/zoo/eagle.jpg
```

如果喜欢使用 OpenStack 客户端（OSC）完成这一工作，读者可以使用 container show 命令查看是否有 read-acl 设置。

```
$ source /etc/openrc.test
$ openstack container show zoo
+---------------+-------------------------------------+
| Field         | Value                               |
+---------------+-------------------------------------+
| account       | KEY_33a65b0402b047c097d21864b72c06be |
| bytes_used    | 93268                               |
| container     | zoo                                 |
| object_count  | 4                                   |
| read_acl      | .r:*,.rlistings                     |
+---------------+-------------------------------------+
```

如果输出不包含 read-acl 行，读者可使用以下 Swift 客户端命令进行设置。

```
$ swift post -r .r:*,.rlistings zoo
```

如果再次运行显示命令，应该出现这一行。

现在我们可以创建 URL 以访问对象。在下列格式中，用正确的环境地址替换 IP 地址，

account 和 container 的值要使用 show 命令所显示出的值。object_name 为希望引用的对象（如 eagle.jpg）。

```
http://10.190.0.8:8080/v1/account/container/object_name
```

完成后的样子如下：

```
http://10.190.0.8:8080/v1/KEY_33a65b0402b047c097d21864b72c06be/zoo/eagle.jpg
```

这将加载至浏览器上，读者可看到一个图片。它们还可以像我们在后面展示的那样包含在一个 Web 页面中。

网页中的对象

为了做一个更为真实的展示，我们创建了一个包含有简单的 HTML 文件的存储库。读者可以在 Ubuntu 实例上使用这个文件。选择自己喜欢的方式，根据第 6 章中的指导启动一个 Ubuntu 14.04 计算节点。读者可能还会希望为实例添加一个浮动 IP 地址以改善访问质量。

在该节点运行后，读者可以在控制器上或是 SSH 密钥所对应的 Ubuntu 实例上运行下列内容。用正确的实例地址替换掉 10.190.0.8。

```
$ git clone https://github.com/DeploymentsBook/http-files.git
$ scp -r http-files/swift/ ubuntu@10.190.0.8:
```

> **提示**
>
> 如果通过真实的公有浮动 IP 地址将实例配置为在线，那么读者可直接在实例上克隆存储库，不需要 scp 这些文件。在这些部署场景中，我们没有假设读者的实例拥有因特网访问权限。不过这只是我们的配置方式。

现在，读者在实例的 Ubuntu 用户主目录中有一个 swift 目录。读者需要编辑 swift/index.html 文件以包含 Swift 中的对象的 URL，然后找到之前与图片一起创建的 URL，并将其添加至 img src 行中，如下所示：

```
<img src="http://10.190.0.8:8080/v1/KEY_d49446773bfb47bab30b3c4bca06d82d/zoo/eagle.jpg"
alt="Image loaded from Swift">
```

为了启动简单的 HTTP 服务器，在实例上运行以下内容：

```
$ cd swift
$ python -m SimpleHTTPServer
Serving HTTP on 0.0.0.0 port 8000 ...
```

正如所见，默认情况下，它们将在 8000 端口上使用 Python 加载简单的 HTTP 服务器。读者可以在系统上导航至此。系统要有权限通过在浏览器上导航至 http://10.190.0.8:8000 的方式访问实例。在这里，10.190.0.8 为实例的 IP 地址。最终显示的网页如图 9-9 所示。

Welcome to the...
Common **OpenStack** Deployments
Swift Demonstration

Congratulations, this image is being served up by Swift:

If you followed the instructions in Chapter 9, "Object Storage Cloud" this will also be running on your Nova compute instance using a simple Python HTTP server.

Common OpenStack Deployments is brought to you by Elizabeth K. Joseph and Matt Fischer.

Source for this page is made available here under the Apache License

图 9-9　一个从 Swift 引用对象的简单网站

恭喜，现在可以在网页上使用由 Swift 提供的图片对象了。

9.4　除 Swift 之外

在本章中，我们主要将重点放在了 OpenStack Swift 对象存储上。但是，像 OpenStack 生态系统中的许多东西一样，它们并不是唯一的选择。在 OpenStack 部署中，流行的分布式对象存储和文件系统 Ceph 也会经常用到。

9.5　小结

向用户提供对象存储的能力极大地扩展了 OpenStack 部署的存储灵活性。读者现在已经学习了对象存储的基本原理，理解了 Swift 的关键组件。最后，我们将演示如何使用 Puppet 设置和向基本的部署场景添加对象，以及在真实示例中使用存储的对象。

第 10 章

裸机配置

如果我们希望保持原状，那么就必须做出改变。
——朱塞佩·迪·兰佩杜萨[1]，《豹》

随着 OpenStack 进入到越来越多的数据中心当中，OpenStack 项目的下一步将是更好地支持这一环境，因此它们启动了裸机配置项目 Ironic。Ironic 开始是作为 Nova 计算的一个插件，但是随着适用范围的不断扩大，加之对服务所在的各种硬件的驱动需求，它们很快就发展成为了一个自己的项目。2015 年春季发布的 OpenStack Kilo 中出现了首个官方版本。如今，裸机配置已经在多个数据中心被用于生产环境中。它们实际上就是被一个更为宽泛的 OpenStack 部署独立运行着。

10.1 使用

裸机配置最为明显的应用是在数据中心上。在这里，机器的自动控制非常有价值。Ironic 让物理硬件的重启和日常管理变得像管理虚拟机一样容易。它们能够让物理硬件使用虚拟环境通常使用的软件镜像，为 OpenStack 用户提供熟悉的环境和框架。由于 Ironic 可以有效地帮助运维人员安装，并提供预先构建的、经过测试且合格的镜像给实际硬件，Ironic 已用于部署 OpenStack 节点的镜像。

---

① 朱塞佩·迪·兰佩杜萨（Giuseppe di Lampedusa），意大利现代著名作家。在生命最后的 3 年中，写有长篇小说《豹》和几个短篇，并均在其身故后出版。《豹》获得了意大利斯特雷加文学奖，被誉为意大利文学史上承前启后的杰作。
——译者注

10.1.1　云托管公司

如果公司已经在基础设施中使用 OpenStack 提供云托管服务，那么 Ironic 无疑是一个天作之合。裸机服务有一个针对 Nova 的驱动，其向 Ironic 主机提供了一种管理程序。这种管理程序考虑到了提交给用户的底层硬件的变化，如超级大内存、GPU 计算能力。通过使用这一驱动，我们能够控制为客户配置的硬件，而不是为虚拟化技术提供支持。尽管我们仍然需要向 Ironic 提供基本信息以管理硬件，但是，它们实际上已经不再作为一个正式的配置管理数据库（CMDB），这极大地简化了硬件的管理。

10.1.2　内部云

在数据中心上运行内部云部署的公司在使用 Ironic 管理服务器时可能会发现巨大的价值。系统管理员运行内部云遇到的最大挑战之一是处理硬件详细目录。在首次注册完成后，Ironic 会认真"照顾"它们，让这一工作变得更为容易。通过一些 OpenStack 命令，我们可以看到在 Ironic 上注册的系统的状态，查看它们是正在运行还是发生了错误。对于一些错误，我们可以深度挖掘错误信息以确定后续如何处理。内部云无需在 OpenStack 上运行也能使用 Ironic。因为 Ironic 可独立运行和管理硬件，无论最终在它们上面部署了什么软件。

10.1.3　数据库托管

对于在虚拟化系统上托管数据库的许多担心，目前已经被一些解决方案化解了。例如，经过特别调整的虚拟机器拥有支持高 I/O 和内存的硬件。尽管如此，这仍然是一个硬件解决方案。在许多实例上，公司仍然希望直接在裸机上托管数据库。Ironic 可通过按需为数据库服务器的安装提供配置机制，为这些公司提供帮助。在这种情况下，公司可以使用为"数据库即服务"（databases as a service）提供接口的 OpenStack Trove 等工具或是针对配置的内部解决方案。

> **提示**
>
> 有兴趣学习更多针对数据库即服务的 OpenStack Trove 的知识？目前，开发者文档是读者获得关于概览、安装和使用信息的最佳来源。

10.1.4　高性能计算

在高性能计算（HPC）领域，当用户进行分析处理工作或是将系统作为描绘场，Ironic 可作为配置服务。在这些环境中会用到系统的全部计算力，因此在大多数案例中虚拟化并不受欢迎，原因在于管理程序会带来不必要的费用。在没有其他 OpenStack 组件的环境中部署 Ironic 可高效管理 HPC 集群中的硬件，而且许多 HPC 用户将 Ironic 与 Nova 计算组件和 Glance 镜像服务部署在一起。

10.2　架构概览

作为一个高级概览，Ironic 管理是通过一个 API 完成的。这个 API 可调用一系列裸机驱动，使用 PXE（预启动运行环境）和 IPMI（智能平台管理接口）等通用解决方案与裸机服务器进行交互。它们也可使用目前数量正在不断增加，针对特定硬件且获得厂商支持的驱动。如在第 1 章简要介绍的那样，Ironic 由不同的服务组成，它们相互协同完成配置和硬件交互，如图 10-1 所示。

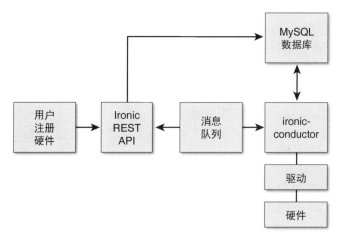

图 10-1　Ironic 概览

ironic-conductor 是真正用来驱动 Ironic 的。在生产部署中，它们通常会有多个实例。ironic-conductor 使用其他服务常用的 RabbitMQ 消息队列与 API 通信，反之亦然。当 ironic-conductor 接收到来自 API 的消息，它们随后会根据消息采取动作。数据库也会以极为有限的方式与 API 交互，即请求状态和完成新数据库条目创建，如节点和端口。来自 ironic-conductor 并针对读者环境的适当驱动反过来也会与硬件进行交互。

用户利用 Ironic REST 风格的 API 注册硬件，我们在后面将会介绍，也可和 ironic-python-agent 一起使用。ironic-python-agent 将调用 API 让 ironic-conductor 能够知道机器的位置，从而使得 ironic-conductor 能够连接被部署的节点。数据库（默认为 MySQL）用于存储关于服务器的信息，REST 风格的 API 和 ironic-conductor 将会对其进行更新。

厂商提供的驱动可能是开源的也可能是专有的，但是他们通常会向设备上的现有管理接口提供一个特定的挂钩。例如，创建 iLO 驱动用于应对 HPE ProLiant 服务器上特殊的 iLO 管理引擎。这些驱动使用现有的 HPE proliantutils Python 实用工具库的帮助进行交互。设计 Cisco UCS

驱动与 Cisco UCS B/C 系列服务器上的特定版本的 UCS Manager 一起使用。当前针对该管理接口（UcsSdk）开发的 Python SDK 用于帮助进行交互。驱动可能会让 Ironic 使用内置的工具（如果有的话），或是使用标准的工具，如针对硬件管理的 IPMI。随着裸机服务的日益成熟，对面面俱到的（也称为"in-tree"）驱动的要求是厂商要进行持续的整合测试以保证质量。

10.2.1 安装

我们在本书中使用 Puppet 编排部署。由于 Ironic 强大的硬件属性，可以确定没有一个示例部署对于本书中的内容既具有价值又具有通用性。

尽管如此，针对 Ironic 的 Puppet 模块是存在的，并且可以与其他的 Puppet 模块一起获得。

示例的 ironic.pp 包含在帮助读者启动的模块中。特定环境的配置严重依赖于读者所拥有的硬件，这也是我们难以展示参考部署的原因。读者可搜索可用的驱动与硬件匹配，如果对虚拟化测试感兴趣还可以查看 SSH 驱动。

除了 Puppet 之外，也可使用 Ansible playbooks 和 Chef cookbooks。附录 B 将介绍在哪里可以找到这些模块。Ironic 开发者文档提供了手动安装指南。

最后，如果想尝试的话，还可以与 DevStack 一起使用 Ironic。读者可重新阅读第 2 章，复习一下 DevStack 是如何工作的，然后看一下 DevStack 文档中关于使用 Ironic 插件的程序。

Bifrost

Bifrost 为一套基于 Ansible 的配置管理脚本，用于在 OpenStack 之外独立部署 Ironic。读者可能会发现，它们致力于加入尽可能少的 OpenStack 需求，以向独立的 Ironic 部署提供最紧要的支持。Bifrost 有一个开发者文档，其中包含了代码库的位置和安装指导。

10.2.2 使用 Ironic

在 Ironic 安装后，需要注册一些硬件。进行硬件注册的用户需要向 Ironic API 提供详细情况。通过使用 `ironic node-create` 命令和提供系统详细情况可完成这些工作。下列注册示例将假设读者正在使用拥有 IPMI 接口的硬件。

> **提示**
>
> 如之前讨论的一样，针对 Ironic 的驱动有许多，从 IPMI 等标准驱动到厂商专用驱动，它们或是专有的或是开源的，或是存在于 Ironic 源代码树或者不是。这里使用的示例拥有 Ironic 专用 IPMI 的功能。如果读者使用的是 HPE iLO，那么需要查看一下针对该驱动的文档，掌握其所需要的和所支持的选项，以及所支持的硬件与固件版本。

首先，需要加载一个 Linux 内核可执行程序（vmlinuz）至 Glance 镜像服务，以及一个 Linux

初始 RAM 磁盘（initrd）。例如：

```
$ openstack image create --public --disk-format aki --container-format aki \
my-vmlinuz < vmlinuz-custom
+------------------+------------------------------------------------------+
| Field            | Value                                                |
+------------------+------------------------------------------------------+
| checksum         | 79da4a6e81e2a8fd87d26620c45806c7                     |
| container_format | aki                                                  |
| created_at       | 2016-04-13T03:06:07Z                                 |
| disk_format      | aki                                                  |
| file             | /v2/images/ea003044-f792-408b-b6cd-46a701528c65/file |
| id               | ea003044-f792-408b-b6cd-46a701528c65                 |
| min_disk         | 0                                                    |
| min_ram          | 0                                                    |
| name             | my-vmlinuz                                           |
| owner            | 583e438e7fff4b33b3e52136f3a4b34d                     |
| protected        | False                                                |
| schema           | /v2/schemas/image                                    |
| size             | 6731856                                              |
| status           | active                                               |
| tags             |                                                      |
| updated_at       | 2016-04-13T03:06:08Z                                 |
| virtual_size     | None                                                 |
| visibility       | public                                               |
+------------------+------------------------------------------------------+
$ openstack image create --public --disk-format ari --container-format ari \
my-initrd < initrd.img-custom
+------------------+------------------------------------------------------+
| Field            | Value                                                |
+------------------+------------------------------------------------------+
| checksum         | 4c2022e27a9914c6718fd0d6f106314d                     |
| container_format | ari                                                  |
| created_at       | 2016-04-13T03:06:41Z                                 |
| disk_format      | ari                                                  |
| file             | /v2/images/34103a9b-b706-4ba9-a929-f7f5dc8f4b1e/file |
| id               | 34103a9b-b706-4ba9-a929-f7f5dc8f4b1e                 |
| min_disk         | 0                                                    |
| min_ram          | 0                                                    |
| name             | my-initrd                                            |
| owner            | 583e438e7fff4b33b3e52136f3a4b34d                     |
| protected        | False                                                |
| schema           | /v2/schemas/image                                    |
| size             | 27109374                                             |
| status           | active                                               |
| tags             |                                                      |
| updated_at       | 2016-04-13T03:06:42Z                                 |
| virtual_size     | None                                                 |
| visibility       | public                                               |
+------------------+------------------------------------------------------+
```

```
$ openstack image list
+------------------------------------+-------------------------------+--------+
| ID                                 | Name                          | Status |
+------------------------------------+-------------------------------+--------+
| 34103a9b-b706-4ba9-a929-f7f5dc8f4b1e | my-initrd                   | active |
| ea003044-f792-408b-b6cd-46a701528c65 | my-vmlinuz                  | active |
+------------------------------------+-------------------------------+--------+
```

这些完成后，随后需要运行 `ironic node-create` 命令。它们会显示裸机服务器的详细情况，包括 IPMI 地址、登录信息，以及 CPU、内存（MB）和磁盘（GB）的数量。

```
$ ironic node-create -d pxe_ipmitool -i ipmi_address=10.0.0.5 -i ipmi_username=ADMIN \
-i ipmi_password=ADMINPASS -i deploy_kernel=ea003044-f792-408b-b6cd-46a701528c65 \
-i deploy_ramdisk=34103a9b-b706-4ba9-a929-f7f5dc8f4b1e -p cpus=2 \
-p memory_mb=32000 -p local_gb=80
+--------------+------------------------------------------------------------------+
| Property     | Value                                                            |
+--------------+------------------------------------------------------------------+
| chassis_uuid |                     Liberation Serif;Times New Roman             |
| driver       | pxe_ipmitool                                                     |
| driver_info  | {u'deploy_kernel': u'ea003044-f792-408b-b6cd-46a701528c65',      |
|              | u'ipmi_address': u'10.0.0.5', u'ipmi_username': u'ADMIN',         |
|              | u'ipmi_password': u'******', u'deploy_ramdisk':                  |
|              | u'34103a9b-b706-4ba9-a929-f7f5dc8f4b1e'}                          |
| extra        | {}                                                               |
| name         | None                                                             |
| properties   | {u'memory_mb': 32000, u'local_gb': 80, u'cpus': 2}               |
| uuid         | 5e9809ea-4f6a-4a3d-b7a4-d28fcd6fcb80                             |
+--------------+------------------------------------------------------------------+
```

下面，需要创建一个端口以注册所有准备在裸机节点上使用的物理网络接口的 MAC 地址，让 Ironic 知道哪些 MAC 地址与用户创建的节点有联系。以下将继续使用我们的示例 UUID。

```
$ ironic port-create -a 5a:ba:01:02:f0:a1 -n 5e9809ea-4f6a-4a3d-b7a4-d28fcd6fcb80
+-----------+--------------------------------------+
| Property  | Value                                |
+-----------+--------------------------------------+
| address   | 5a:ba:01:02:f0:a1                    |
| extra     | {}                                   |
| node_uuid | 5e9809ea-4f6a-4a3d-b7a4-d28fcd6fcb80 |
| uuid      | 652be9f9-221b-4368-8912-b93381464f88 |
+-----------+--------------------------------------+
```

现在，需要将一个 flavor 与这一物理硬件定义联系起来，如果有相同的硬件也是一样。flavor 应当与 `ironic node-create` 命令中定义的硬件规范准确匹配。

```
$ openstack flavor create --ram 32000 --disk 80 --vcpus 2 my-baremetal
+----------------------------+-----------------------------------+
| Field                      | Value                             |
+----------------------------+-----------------------------------+
```

```
| OS-FLV-DISABLED:disabled  | False                                |
| OS-FLV-EXT-DATA:ephemeral | 0                                    |
| disk                      | 80                                   |
| id                        | dc8b4734-84f8-458c-86a0-c14573bb6b52 |
| name                      | my-baremetal                         |
| os-flavor-access:is_public| True                                 |
| ram                       | 32000                                |
| rxtx_factor               | 1.0                                  |
| swap                      |                                      |
| vcpus                     | 2                                    |
+---------------------------+--------------------------------------+
```

在这一步完成后，已经做好了将镜像引导至硬件上的准备。由于是首次使用该硬件，建议在将镜像部署在该硬件上之前输入命令将其关闭。

```
$ ironic node-set-power-state 5e9809ea-4f6a-4a3d-b7a4-d28fcd6fcb80 off
```

然后，使用标准的 `openstack server create` 命令启动节点。注意，需要详细说明硬件所在的网络，以便 Ironic 能够找到它们。网络可通过 `openstack network list` 命令找到。需要启动的 flavor 将是一个读者期望的标准磁盘镜像，如 Ubuntu 服务器。其镜像 ID 可通过 `openstack image list` 命令找到。

```
$ openstack server create --nic net-id=00fdcb62-a708-40f0-876c-261b15fe6977 \
--image 73fc38f9-ee28-4b76-8b30-0d6f99296ed4 --flavor my-baremetal Ubuntu
```

> **提示**
>
> 在创建服务器时遇到麻烦了吗？确保在注册后能够获得节点的状态。

Ironic Inspector

定义所有的硬件是一项非常繁重的任务，即便有适当的 CMDB，拥有所有硬件的详细目录，情况依然如此。为了解决这一问题，人们创建了一个针对 Ironic 且相对较新的工具，名为 Ironic Inspector。根据基础设施上的硬件，该工具设计为可获得由硬件驱动提供的关于硬件的信息（CPU、内存、磁盘等），从而实现了节点属性的自动描述。这些信息随后用于将硬件与可用的 flavor 进行匹配，让服务器马上能够使用。注意，由于 Inspector 是从驱动中获取信息，因此仍然需要做一些基础的节点创建工作以提供证书、用户名、密码和接口可被访问的 IP 地址，如同用户正在使用 iLO 一样。

10.2.3　管理 Ironic

除了基本的硬件注册和在新硬件节点上启动镜像外，还可以通过 `ironic node-list` 命令，使用 Ironic 检查机器的性能状态、可用性，以及是否处于维护模式。

特定机器的详细情况可通过 `ironic node-show name` 进行查看，这里的 `name` 为 `ironic node-list` 命令输出中节点的名称。

> **提示**
>
> 　　物理节点的 UUID 可用于 `ironic node-show` 命令中的 `name` 位置。这里的 `name` 更为简单并且与其他的 OpenStack 不同。节点名称在 Ironic 中是唯一的。
>
> 　　读者还需要记住，Ironic 节点的名称与实例的 UUID 或是使用该节点的实例的名称无关。

Ironic 也支持节点的整理，为了给新实例准备硬件，数据将会被迁移。虽然当前我们可能对所有的 agent_ drivers 都支持这一功能有信心，但是该功能取决于我们正在使用的驱动，并非所有的驱动都支持这一功能。

查看 Ironic 官方文档，获取关于如何管理服务器的最新知识可访问 http://docs.openstack.org。它们经常处于开发当中以添加功能和增加稳定性。随着项目的不断成熟，我们还将继续看到来自硬件厂商的新驱动以及像 Ironic Inspector 那样对程序自动化更强大的支持。

10.3　社区

Ironic 开发社区由来自各种硬件公司和对 OpenStack 自动化硬件开发感兴趣的团队的代表组成。作为以特别友好而著称的社区，从开发者那里获得支持以及贡献自己对项目的修改都非常简单、直接。

Ironic 团队也很有幽默感。他们在 "bare metal" 上玩起了文字游戏，并创造了一只名为 Pixie Boots 的吉祥物，如图 10-2 所示。这只吉祥物是一只金属的乐队鼓手熊。

图 10-2　Ironic 吉祥物 Pixie Boots

10.4　小结

Ironic 裸机配置从虚拟化世界扩展到了 OpenStack 工具领域，让物理机能够像虚拟机那样被托管和被使用。在本章中，我们学习了 Ironic 安装的基本选项、硬件的注册和首个基于裸机的实例的启动。此外，我们还简要介绍了裸机部署的基本维护，以及社区对其的创建和支持。

第 11 章

控制容器

和现实做斗争，永远也改变不了现实。
相反，改变只能通过打破成规、用新建模式淘汰现有模式，才可能实现。
——巴克明斯特·福勒[①]

在当今的系统管理中，Docker、Kubernetes 和 Linux Containers（LXC）等容器都是热门话题。在 OpenStack 成熟的同时容器也在不断的成长，OpenStack 正致力于与最新技术同步，以支持容器的运行和管理。

OpenStack 开始支持的是最基本的、类似于虚拟机的单个容器实例的操作。不过它们目前已经迅速转变为在 OpenStack 中创建一个整体项目以支持容器生态系统，允许容器生态系统中的原生工具控制不同的容器技术。

11.1 什么是容器

容器可视为一个为运行单个应用的微型独立操作系统。但它们仍然共享如内核等主机资源并回避了虚拟机（VM）技术中常见的硬件仿真，在进行处理工作时，它们与主机系统保持了一定的独立性。

容器的概念可能听起来很熟悉。新出现的容器化流行趋势从一些系统的历史演化而来，其中包括 BSD jail、Solaris 中的 zone、LinuxVServer 以及最新迭代的 cgroups 和 Linux Containers（LXC）。

为了强化这种流行趋势，一些内容在近些年中发生了变化。首先是开发了在容器创建过程中对用户友好的工具，这在很大程度上是受到了 Docker 出现的推动。容器镜像也逐渐流行起来，

---

① 巴克明斯特·福勒（R. Buckminster Fuller），美国工程师、建筑师、设计师和发明家。——译者注

它们包括了在容器中启动并运行特定服务所需的所有软件。最后，通过 Kubernetes、Docker Swarm 和 Apache Mesos，可管理这些容器并对它们进行编排。在这些环境当中，容器的数量已经数以千计。如今，单个容器可作为一次性使用产品，用户可以根据需求移除和替换它们。

对于开发者和系统管理员来说，交付功能完整的小型容器镜像的能力也已经成为了一种福利。通过容器，团队可以便捷地测试、部署这些孤立的应用，并将它们从一台主机移动至另一台主机上。鉴于 OpenStack 当前创建和扩展大型平台的能力，支持容器也是顺理成章的事情。

11.2   使用

公司在基础设施内部使用容器有许多原因，其中包括服务的隔离与合并、镜像的小型化和更快的启动时间等。如果公司正在使用 OpenStack 管理基础设施中的其他组件，那么针对容器使用 OpenStack 也非常有价值。

11.2.1   公有云公司

已经在基础设施中使用虚拟机的公有云公司可能会选择提供 Docker 或 Kubernetes。通过使用 Magnum（本章后面将会讨论），他们可以使用现有的 OpenStack 框架，并很容易地拉入他们各自的编排引擎，如 Docker Swarm。通过这一框架，他们的客户可以配置和部署自己的容器组，并通过 OpenStack 和原生工具控制它们。为客户提供容器选项也可让云公司在其他方面受益，因为他们共享了资源。与虚拟机相比，更多的容器将会出现在服务器上。

11.2.2   在线游戏公司

为了快速开发、测试、部署和迭代对游戏所做的修改，已经在为虚拟机使用 OpenStack 的在线游戏公司和那些可能在网络上交付内容的游戏公司或许对使用容器感兴趣。在容器中部署游戏所带来的灵活性可让开发者将精力放在扩展性和高可靠性上，而不需在意产品的环境。使用进程专用的小型可移动容器可帮助在本地复制产品环境。经过提升的开发速度可帮助公司向游戏玩家迅速地交付更多的功能。运行比虚拟机更多的容器也将促进部署方式发生改变。除了确保继续拥有高可靠性外，假如希望仅为少量用户修改游戏，那么情况会怎样？如果有大量实例正在运行，那么可以更为精准地控制百分比。

> **注意**
>
> 在研究容器和 OpenStack 时，读者可能会遇到在容器中运行 OpenStack 的临时尝试和正式尝试。尽管如此，本章的重点放在了容器管理的支持工作上。这些容器由基础设施提供给用户来处理程序。

11.3 针对 Nova 的容器驱动

带有容器的 OpenStack 的历史最初始是一系列能够直接与特定容器技术交互的计算专用驱动。首先是有能力使用带 LXC 的 libvirt（已获 OpenStack 支持）。随后出现了 Nova-Docker 驱动，其允许用户像其他的虚拟化技术那样使用 Docker，通过 Nova 计算启动 Docker 实例。在这种模式下，读者需要有计算节点对应每个实例。因此，读者可能需要有 3 个节点，第一个节点运行着带有由 libvirt 驱动的 KVM 的标准虚拟机，第二个节点使用带有 libvirt 的 LXC，第三个节点使用 Nova-Docker 驱动（见图 11-1）。

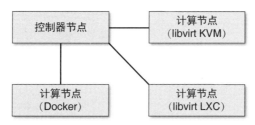

图 11-1　带有容器的控制器节点和计算节点。一个控制器节点带有多个
计算节点，这些计算节点正在运行：带有 KVM 的标准 VM libvirt、
带有 LXC 且专注于容器的 libvirt 和 Docker-Nova 驱动

不幸的是，它们都有一些非常明显的局限性。由于读者像对待虚拟机一样对待容器，因此读者的工具要能够体现对纯虚拟机所执行的命令，这使得读者并不关注容器的专用工具。由于容器以程序为重点，而非以服务器为重点，因此这意味着要想充分发挥使用容器的价值，需要一个完全不同的解决方案。

为此，Magnum 项目诞生。

11.4 Magnum

OpenStack Liberty 版本带有首个为投入生产准备就绪的 Magnum 版本。Magnum 为容器提供了更为彻底的支持。项目还尝试着当在 OpenStack 中部署容器时同步提供一致性，同时保留对每种容器技术的特有功能的使用能力。这意味着针对使用 Heat 的编排（在第 1 章中已简要介绍）、使用 Keystone 进行身份验证的独立集群的多租户、使用 Neutron 的多主机网络要有一个通用机制。这也意味着，通过利用 Magnum API 创建 Bay（将在下一章节中定义，如图 11-2 所示），让每个容器编排引擎（COE）在 Bay 中运行，Magnum 会以相同的方式处理每个服务。通过允许 OpenStack 管理诸如网络和基础设施等东西，除了在 OpenStack 本身当中所做的工作，容器的管理将变得更为简单。

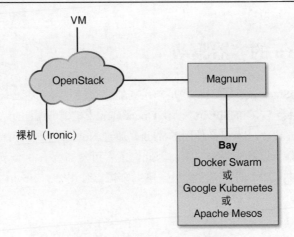

图 11-2 基本的 Magnum 架构

为了提供对每个 COE 的控制，每个 COE 相对应的原生 API 和工具均可使用。因此如果希望与 Docker API 对接，或是对容器使用原生的 Kubernetes 命令行客户端 kubectl，可以使用这些原生 API 和工具。Mitaka 版本包含了对 Docker Swarm、Kubernetes 和 Apache Mesos COE 的支持。

11.4.1 Magnum 概念

如图 11-2 所示，Magnum 有一个"Bay"的概念，特定的 COE 将在这里运行。除了 Bay 外，Magnum 还有一个针对所有容器的容器与节点的概念，以及一些针对 Kubernetes 的概念。广义上说，读者将接触以下这些概念。

- **容器**：运行程序的容器。
- **节点**：Bay 的一部分，为裸机或虚拟机，工作实际在这里执行。
- **Bay**：节点对象的集合，工作在这里规划。此处为 COE 的所在。

图 11-3 展示了这 3 个概念之间的关系。

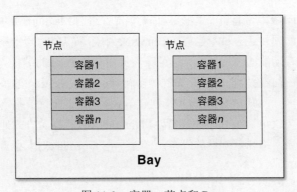

图 11-3 容器、节点和 Bay

更多的支持正在被加入进来。如果读者正在使用 Kubernetes，那么还将会有 Pod 的概念。Pod 为运行在物理或虚拟机上的容器的集合，作为一个层位于容器和节点之间，并且还支持复制控制器。

11.4.2　安装 Magnum

在编写本书时，针对 Mitaka 的 Magnum Puppet 模块仍在开发和测试当中，因此不久之后一款由 Puppet 驱动的解决方案将可为读者的基础设施配置 Magnum。在本书编写之时，尝试 Magnum 的最佳方式是部署我们在第 5 章中探讨的基础架构。它们带有一个定义的计算节点，这个节点将可以使用 Magnum。

11.5　小结

容器是一个热门的话题，OpenStack 正在面临一场直接的挑战。从早期支持特定容器的 Nova 计算驱动开始，如今 Magnum 项目已经为 Docker、Kubernetes 和 Apache Mesos 等常用的容器技术提供了更为全面的支持。

第三部分 扩展与故障排除

熟悉 OpenStack 各种部署类型对读者的帮助终究有限。在有了一个使用案例和基本的云设置后，读者可能希望不断地完善这个云，让它们在扩展架构方面发挥作用，无论是增加更多的存储节点还是增加计算集群的能力。故障排除也是任何 OpenStack 运维人员工具箱中的关键组成部分。部署的差异很大，每个环境都可能有一些必须要搞清楚如何处理的细微差别。最后，OpenStack 生态系统中的各个厂商一直在用公有云解决方案在为用户更大规模的部署和扩张提供支持。

第12章

一个完整的云

两个漂流者出发去看世界。

有好多事要看。

——强尼·莫瑟[1]，《月河》

本书中最后这个场景会将之前单独介绍的场景全都拼接起来。读者能够看到 Cinder 块存储和 Swift 对象存储是如何向 Ceilometer 遥测模块发送数据的，并且能够在自己的实例中同时使用 Cinder 块存储和 Swift 对象存储。随后我们会将这些场景拼接起来，我们还将对这些场景以外的扩展展开探讨。

12.1 使用

我们已经对 OpenStack 的各种用法进行了探讨，例如，大学尝试着向研究人员提供实例，汽车制造公司尝试着处理他们的计算负载和云存储以同步公司提供给客户的自动化数据处理等。读者将有望看到 OpenStack 组件与公司融为一体，并为使用它制订规划。

由于本章将许多场景拼接到了一起，读者最终将看到在更为复杂的部署中清单和配置是什么样子。

12.2 系统要求

此处的系统要求与我们在本书中的要求相同，并且也需要用到我们在第 5 章中创建的控制

---

① 强尼·莫瑟（Johnny Mercer），出生于 1909 年，著名的词作家，也创作歌曲，同时也是一个流行音乐歌手，创作了一千多首歌曲。——译者注

器节点和计算节点。最低需求在本场景中仍将可以使用，不过因为将运行所有的服务，所以如果使用额外的资源进行部署，那么这些资源也都会被利用。

选择组件

在本场景中，我们将结合所有的组件：

- 计算（Nova）；
- 身份（Keystone）；
- 网络（Neutron）；
- 镜像服务（Glance）；
- 仪表盘（Horizon）；
- 遥测（Ceilometer）；
- 块存储（Cinder）；
- 对象存储（Swift）。

图 12-1 展示了控制器节点和计算节点中的服务部署。

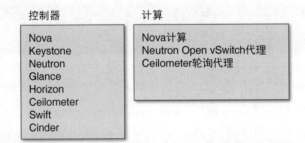

图 12-1　带有遥测、块存储和对象存储的双系统 OpenStack 部署的组件

12.3　场景

我们需要为本场景配置控制器节点和计算节点。如果读者喜欢的话，可以重复使用一个老场景，或者是在第 5 章的基础配置上重新开始。

12.3.1　控制器节点设置

本场景将使用包含了部署所需的全部清单的新清单。

```
$ sudo puppet apply /etc/puppet/modules/deployments/manifests/role/foundations_whole_
cloud.pp
```

在命令执行期间，可以打开文件查看一下在这个角色中包含的所有内容。

```
class deployments::role::foundations_whole_cloud {
  include deployments::role::foundations_block_storage
  include deployments::role::foundations_object_storage
  include deployments::role::foundations_public_cloud
}

include deployments::role::foundations_whole_cloud
```

正如所见，它们拉入了之前几章中详细介绍过的角色。在前几章中，每一个场景都被展示过。通过将它们一起拉入，我们创建了一个具有公有云所有特征的控制器，并且带有遥测、块存储和对象存储。

12.3.2　计算节点设置

在这个场景中，我们将重复使用第 7 章中使用过的计算公有云清单，因为这是我们唯一需要针对计算节点进行修改的场景。修改添加了对 Ceilometer 轮询代理的支持，以便能够从计算实例那里汇集数据。

```
$ sudo puppet apply /etc/puppet/modules/deployments/manifests/role/foundations_
compute_public_cloud.pp
```

由于它们与我们之前使用的角色相同，因而不需要再重复介绍这个角色中包含的内容。如果需要，读者可重新阅读第 7 章。之前带有 Ceilometer 遥测的安装并不包括 Cinder 和 Swift，因此这里将看到一些新的计量单位。

12.3.3　探索部署：仪表盘

现在我们已经对 OpenStack 仪表盘 Horizon 非常熟悉了。通过管理用户登录仪表盘，初次查看加载了所有组件的系统，如图 12-2 所示。

在 Admin 部分，我们将看到位于 Resource Usage 下的 Ceilometer 遥测选项和位于 Volumes 中的 Cinder 块存储。如果单击位于左侧菜单中的 Project，我们将看到针对 Swift 的 Object Store 部分。图 12-2 展示了 Volumes 界面，这个界面带有已创建的卷和一个附加至实例的卷。

现在导航至 System Information，查看正在运行的服务，如图 12-3 所示。我们将会看到所有的服务及其状态。在这个示例中，控制器正在 192.168.122.9 上运行，因此其为所有服务的 Host。

作为管理用户登录，并以测试用户重新登录，这样我们可以启动几个 CirrOS 镜像。运行实例将可让 Ceilometer 展开追踪。我们还可以创建 Cinder 卷，并将它们附加至正在运行的实例上。可能创建另一个对象存储容器并向其添加一些文件需要花上一些时间。这里的目标是在所有这些服务运行的同时更加熟悉这一工具。

图 12-2   选定 Volumes 时的 Horizon 仪表盘管理视图

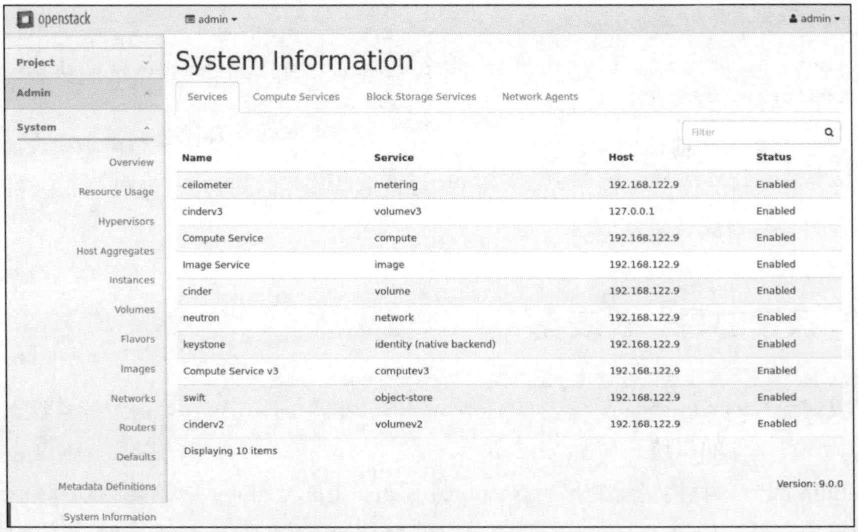

图 12-3   Horizon 仪表盘 System Information

12.3.4   探索部署：命令行客户端

正如所学过的那样，OpenStack 客户端（OSC）除了能够做 Horizon 仪表盘所能做的所有事情，而且还能做更多的事情。仪表盘中的 System Information 界面与通过 OSC 列出服务时读者所看到的界面非常相似。

```
$ source /etc/openrc.admin
```

```
$ openstack service list
+----------------------------------+------------------+--------------+
| ID                               | Name             | Type         |
+----------------------------------+------------------+--------------+
| 29b6fa87b8a6482cbf31a60e0dac9c26 | keystone         | identity     |
| 3c1b214c8e3a4fc4b62dabe2f34dc963 | Compute Service v3 | computev3  |
| 3d5f4103620746e2bae3f5c43fc0e023 | Image Service    | image        |
| 88dcf889462f433ab9035f606402b78a | neutron          | network      |
| 9e8ac41f98dc483fb12a1f6f2605d2f2 | cinder           | volume       |
| ae28d29d3d904447a633641dc804de7b | cinderv3         | volumev3     |
| b44923e869f74cd4acf54ebb3517d8e0 | ceilometer       | metering     |
| b9bdc44e813f481981e33820745e369a | cinderv2         | volumev2     |
| f4a8ddc46eef47f59d8fc6610182292b | swift            | object-store |
| f73b98720cd54fb9ba7057a593d09911 | Compute Service  | compute      |
+----------------------------------+------------------+--------------+
```

与--long 一起运行这一命令可获得每个正在运行的服务的更多信息，并获得一个与仪表盘非常类似的视图。

当与 ceilometer meter-list 一起运行实例时，我们还可以列出 Ceilometer 的计量情况。阅读第 7 章可重新学习关于统计数据的轮询。我们在本章中增加了 Cinder，所以如果读者创建了一些卷，将看到一个新的 volume.size 要处理。对于 Swift，如果读者创建了一个容器并上传了一些对象，将看到一些新的计量，如 storage.objects 和 storage.objects.size。

熟练掌握 OSC 是管理部署的一个重要部分。通过这一整套云部署，完成一些相似的实例启动和实例关闭。重新参考之前的章节创建块存储卷并将其安装到实例上，创建容器并为其添加一些文件以在实例中引用。或是在熟悉这些工具后，创建自己的项目以完成或是检验自己能够推动这个部署场景走多远。更多的 OSC 命令，参见附录 E 和带有命令列表的开发文档。

12.4 更大的云

随着读者越来越熟悉 OpenStack 并开始规划自己的部署，读者将会让自己的云规模超越我们目前正在使用的只有两台服务器的云。读者还需要确保服务是可靠且安全的，最终读者添加的服务可能比我们介绍的要更多。

12.4.1 高可用性和扩展性

高可用性（HA）是大多数生产级 OpenStack 部署的主要考虑因素。我们希望将面向使用者的服务的宕机时间降到最低，以便在用户启动实例或者发现自己无法登录自己的计算实例或对象存储中的文件时不会发生故障。将数据丢失降到最低也非常重要。如第 9 章中详细介绍的那样，许多工作将放在 Swift 中，以确保数据受到保护。Cinder 块存储等服务也有备份和快照工具，以将数据丢失降到最低。在其他的后端上，还可以采取一些额外的保护措施。

关于如何精心配置 OpenStack 以获得高可用性，已经编写了许多书籍和整套的上游指导。在这里，我们将站在更高层级考虑在生产部署硬件方面进行冗余：

- 物理网络组成部分，包括线缆、交换机和路由器；
- 存储后端，无论它们是商用硬件服务器机群还是网络附加存储（NAS）设备阵列；
- 数据中心内的本地服务，如电源、消防和空调等。

《OpenStack 高可用性指南》中有关于未来的高可用性概念和配置的深度研究，网址为 http://docs.openstack.org/ha-guide/。

在 OpenStack 中，用户希望水平地扩展自己的计算节点和存储节点。我们的场景仅有一个计算节点，并且所有的存储都在控制器上，不过存储和计算在部署中通常都是首先被增加的部分。随着实例数量的增加，用户将会增加更多的计算节点。由于准备的总是比使用的多，用户可以在发生故障时将实例从一个节点转移至另一个节点上。所有存储工具都包括了易于增加和调整存储的办法。

当用户不再是简单地水平扩展单个无状态服务和存储时，会希望对单个服务的配置展开更深入的研究。《OpenStack 管理员指南》（http://docs.openstack.org/admin-guide/）是一个很好的起点，《OpenStack 操作指南》（http://docs.openstack.org/ops-guide/）也介绍了深度扩展、故障排除和大量现实操作任务。

12.4.2　额外组件

在我们的部署场景中，我们已经对一些早期的和基本的 OpenStack 组件进行了探索。在第 10 章和第 11 章中，为了让读者的部署超越启动虚拟机的范畴，我们介绍了 OpenStack 部署中的裸机与容器控制的概念。

如第 1 章中讨论的那样，除了我们介绍的项目外，还有许多项目，并且每个版本都会创建许多项目。目前 Open Stack 控制下的官方项目的列表由技术委员会管理，放在 http://governance.openstack.org/reference/projects/统一维护。所有保存在 OpenStack 社区的项目可能未必都由官方团队所有，通过导航至 OpenStack Git 存储库（https://git.openstack.org/cgit/openstack/）可以找到所有的这些项目。

根据我们的调查反馈，除了第 1 章中提到的服务外，还有一些服务的部署率在 10%或更高，并且用户对它们会一直保持关注。

- **Designate**：DNS 即服务。
- **Trove**：数据库即服务。
- **Sahara**：数据处理（Hadoop、Spark）。
- **Murano**：应用目录。

这些服务中大多数都有 Puppet 模块，读者可以在前面提到的 OpenStack Git 存储库找到这些模块。所有的 Puppet 模块都有前缀"puppet-"，如 puppet-trove 和 puppet-sahara。

关于其他公司正在做什么以及他们正在使用哪些服务，读者可浏览 OpenStack 官方网站上的最新的用户调查。

通过 OpenStack 网站上的 Navigator 项目，读者可了解一些更为流行的组件。

12.5　小结

前面几章逐个介绍了服务部署场景以及每个服务的基本导航。本章将这些服务汇集在了一起。读者学习了如何部署一个包含了计量遥测、块存储和对象存储的场景，以及如何通过仪表盘和命令行客户端使用它们。

在展望使用 OpenStack 的前景时，我们还讨论并提供了用于扩展、高可用性和额外组件的资源，读者在生产级部署中可能需要考虑为其提供支持。

第 13 章

故障排除

> 蛋头先生坐在城墙边上，
> 蛋头先生跌了个大跟头，
> 国王所有的马儿和人民，
> 都不能帮（破了的）蛋头复原。
>
> ——英语儿歌

如我们所学的一样，OpenStack 是一个复杂的基础设施项目。即便读者完全遵照本书的指导并让所有的内容都正常工作，在生产中使用 OpenStack 也不尽相同。排除 OpenStack 部署中的故障，找出故障隐藏的地方是一项非常关键的技能。

读者用于调试的工具箱可能包括日志文件筛查或手动运行特定命令。如果存在配置问题，那么 OpenStack 的身份（Keystone）和网络（Neutron）等服务也会在基础设施中引发故障。下面我们将讨论一下对这些故障的调试。

13.1 阅读显示的错误

无论读者使用的是仪表盘还是命令行，错误都会立即显示出来，它们可以为读者指明正确的方向。

在查找错误时，第一步是确定哪个服务出现了问题。在启动实例时遇到了问题？如果使用的是仪表盘，第一个指示器可能是一个弹出来的粉色提示框。这个提示框会告诉读者一些事情出现了错误。在图 13-1 中，提示框中的内容意思是：“错误：未能在实例‘zebra’上执行请求的操作，实例有一个错误状态：请稍后再尝试[错误：没有找到有效的主机。没有足够可用的主机。]。”

单击故障实例的名称，本案例中为“zebra”，我们将看到关于节点本身的更多详细情况。

它们将让我们想起自己选择的设置。它们还可让我们访问输出的日志文件和显示对实例执行了哪些操作的 Action Log。由于控制台仅在实例运行时处于活跃状态，因此此时无法使用控制台。详细视图参见图 13-2。

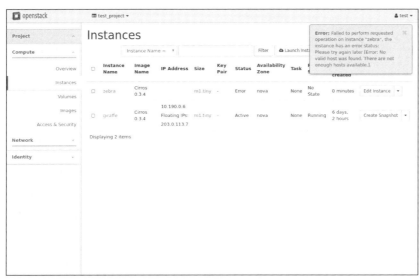

图 13-1　Horizon 仪表盘中实例启动错误

图 13-2　实例详情

如果我们使用 OpenStack 客户端（OSC）创建这一实例，那么将无法获得即时反馈，因为输出仅告诉我们实例正在被创建。这时我们可以查看实例列表，然后让其专门读取错误信息。注意，我们使用实例的 ID 显示该实例的详情，因为实例名称并不是唯一的标识。读者还可以拥有一个名为 zebra 的实例群（见代码清单 13-1）。

代码清单 13-1

```
$ source /etc/openrc.test
$ openstack server list
+--------------------------------------+---------+--------+-----------------------------------+
| ID                                   | Name    | Status | Networks                          |
+--------------------------------------+---------+--------+-----------------------------------+
| d94bef91-bad0-43af-96d5-3056fbdbae38 | zebra   | ERROR  |                                   |
| a1f73c78-b4eb-49f6-8687-dfce23dfd74f | giraffe | ACTIVE | Network1=10.190.0.6, 203.0.113.7  |
+--------------------------------------+---------+--------+-----------------------------------+

$ openstack server show d94bef91-bad0-43af-96d5-3056fbdbae38
+--------------------------------------+----------------------------------------------------------------------------------+
| Field                                | Value                                                                            |
+--------------------------------------+----------------------------------------------------------------------------------+
| OS-DCF:diskConfig                    | AUTO                                                                             |
| OS-EXT-AZ:availability_zone          | nova                                                                             |
| OS-EXT-STS:power_state               | 0                                                                                |
| OS-EXT-STS:task_state                | None                                                                             |
| OS-EXT-STS:vm_state                  | error                                                                            |
| OS-SRV-USG:launched_at               | None                                                                             |
| OS-SRV-USG:terminated_at             | None                                                                             |
| accessIPv4                           |                                                                                  |
| accessIPv6                           |                                                                                  |
| addresses                            |                                                                                  |
| config_drive                         |                                                                                  |
| created                              | 2016-04-17T18:55:00Z                                                             |
| fault                                | {u'message': u'No valid host was found. There are not enough hosts available.', |
|                                      |  u'code': 500, u'created': u'2016-04-17T18:55:03Z'}                              |
| flavor                               | m1.tiny (1)                                                                      |
| hostId                               |                                                                                  |
| id                                   | d94bef91-bad0-43af-96d5-3056fbdbae38                                             |
| image                                | Cirros 0.3.4 (c30caf80-5e19-4356-a33a-99af2f8612c9)                              |
| key_name                             | None                                                                             |
| name                                 | zebra                                                                            |
| os-extended-volumes:volumes_attached | []                                                                               |
| project_id                           | 28e1c9a0502847ad994fa4f0228d531b                                                 |
| properties                           |                                                                                  |
| status                               | ERROR                                                                            |
| updated                              | 2016-04-17T18:55:04Z                                                             |
| user_id                              | aa347b98f1734f66b1331784241fa15a                                                 |
+--------------------------------------+----------------------------------------------------------------------------------+
```

正如所见，代码清单 13-1 显示了实例处于"ERROR"状态。完整的详细情况将显示实例的详情。"fault"将显示错误信息，这与仪表盘中显示的错误信息一致。

与是通过命令行还是仪表盘查看这一输出结果无关，它们能够提供的最重要的帮助是查看我们是否犯了错误。通过显示出现的错误可以很容易推断出，我们试图启动实例的区域没有足够的资源，但是这样你就能够确认是这个问题吗？在错误的区域内启动了实例？使用了错误的镜像或 flavor？不需要再进行进一步的故障排除，即可很容易地识别和纠正这些错误。

通常，事情会更为复杂。以上面这些错误为例，读者需要记住，这是由无法看清事情全貌的服务造成的。错误的配置可能会向服务发信号，告诉它主机无法满足需求，即便主机能够收到指定的实例请求也是如此。这并不一定意味着服务自身存在配置问题。

更糟糕的是，我们可能甚至无法看到错误信息。我们可能会发现块存储卷无法附加至实例上，或是发现网络无法按预期工作。

在这些情况下需要查看日志。

13.2 日志

在 OpenStack 生产级部署中，尤其是大型部署中，读者可能会有一个集中化的日志系统，所有的服务器都会向这个系统发送日志。这些日志甚至可能会被 OpenStack 对象存储（Swift）。集中化的日志系统可以帮助将有价值的老日志从现有日志中切割出来，因为将正常工作的服务的日志与故障日志进行对比非常有价值。尽管如此，在本章中我们假设日志存储在每个 OpenStack 节点本地，同时相应地引用它们。

在查找了接口的明显错误之后，日志文件将成为大多数排除故障场景中的下一站。OpenStack 日志通常可在/var/log/service-code-name 中找到，在/var/log/nova 中还可找到计算（Nova）服务的日志。

> **提示**
>
> 根据服务以及是否包含关于认证的暗示等敏感数据，日志文件将有会不同的权限。这可能需要使用管理访问（使用 sudo）来查看它们。

13.2.1 调试模式

在我们的部署示例中，我们决定关闭调试模式，以便调整针对每个服务的调试级别。这一修改可以在/etc/puppet/hiera/common.yaml 文件中进行，然后针对这一部署场景运行适当的 puppet apply 命令。在默认情况下调试功能很少打开，因为它们会在部署正常工作时产生大量不必要的日志。如果在生产级部署中不使用 puppet，就需要参考每个服务的文档来了解如何打开调试，它们通常如下所示：

```
debug=True
```

　　与修改配置文件一样，我们推荐读者对开始的配置文件进行备份，即便正在使用配置管理系统也是如此。设置一个起点可在我们忘记从哪里开始的或是尝试着将调试交给另一个引擎时为我们提供帮助。为了让对调试所做的修改生效，随后需要重启向文件中写入日志的服务。

> **提示**
>
> 　　在一些案例中，调试会对特定的服务进行持续审查或长期调试。读者只要了解自己基础设施中的问题点，就能够对服务是否应该长期运行调试做出明智的决定。

13.2.2　理解日志消息

　　在阅读日志消息时，关于 OpenStack 读者应当记住两件重要的事情。

- 它们是使用 Python 编写的，因此可能会遇到大量 Python 回溯，而这些回溯会提供栈追踪信息。因此，如果错误对我们来说并不明显，可以在解读这些错误方面使用标准的 Python 文档。
- OpenStack 是模块化的。它们依赖于各种不同的组件。当我们在一个服务中看到某个错误，这个错误可能实际上是由另一个服务的问题导致的。在 13.3 节中，我们将深入研究这些可能出现的问题的细节。

　　在调试用 Python 编写的系统时，一个很好的常用策略是先查看回溯中的最后一行。它们会明确地指示出什么地方出现了错误。如果最后一行没有帮助，那么返回回溯的第一行并通读它们来查找异常的东西。

　　如果在回溯中没有发现任何异常，那么可以看一下日志文件中的行。如果读者打开了调试功能，那么可能需要筛查一些行以发现真正的错误。服务所依靠的命令可能无法成功完成。读者可能会遇到认证问题，或是遇到内存等资源用尽的错误。一旦发现错误，拥有可用的调试行就能够进一步准确追踪在问题发生前和发生后服务做了什么。

　　除了回溯和调试行，我们还可以使用从 OpenStack 服务那里收到的错误信息，在日志中进行搜索。Nova 等服务会在节点上运行几个守护进程。使用 `grep -i <error message> /var/log/nova/*.log` 不仅可以在日志文件中缩小需要查看的范围，还可以缩小需要查看的日志的范围。

> **提示**
>
> 　　正在进行大量的调试？日志可能变得非常大，进而导致它们难以被搜索和使用。使用 `logrotate` 可以旋转切割那些较老的日志，或是手动备份较老的日志，这样读者就能够关注较小的日志片段并与团队分享它们。

　　除了这些，我更喜欢把通过日志文件调试 OpenStack 作为一门艺术而非一门科学。在开始探索日志文件时，读者必须要考虑将查看哪些行为，以及哪些服务和服务器会对此给出响应。正在通过启动节点对故障进行调试？可能需要从计算节点开始并查看/var/log/nova/nova-compute.log，看一下计算节点提供了哪些信息。在大多数案例中，这个日志中的错误将会指出真正的问题——可能与网络有关？随后读者需要确定问题是与处理 API 请求并在控制节点上处理它们的网络服务（Neutron）的服务器有关，还是与特定的代理或插件有关。或许是 Open vSwitch 导致出现了问题。这时就需要查看计算节点上的 openvswitch-agent 的日志。实际上问题也有可能是由运行在控制器节点上的 dhcp-agent 导致的。这就需要查看 dhcp-agent 的日志。

识别行为和查明问题的真正源头通常需要经验。随着时间的流逝，特定的行为和错误信息的类型将可以为故障排除技术提供帮助。读者的能力将会随着时间不断地提高。

13.3 关键服务

在浏览 OpenStack 部署环境时，读者可能会注意到几乎每个组件都依赖于以下 3 个组件。
- 身份（OpenStack）；
- 队列服务（通常为 RabbitMQ）；
- 网络（Neutron）。

在这些服务中，错误的配置或不正确的配置会导致其他所有的东西都出现问题。无法连接消息队列的服务将不能发送 API 请求。这是一个非常常见的问题，可通过搜索连接 AMQP 服务器失败的办法在日志文件中发现这一问题。

> **提示**
>
> RabbitMQ 有一个运行在端口 15672 上的 GUI。来自（在 Puppet Hiera 配置中被设置）证书的访问将被汇集。如果读者发现自己正在疲于应对队列服务，那么查看一下使用情况是值得的，不过这超出了这里介绍的范围。

没有服务认证账户的身份服务将无法核实服务是否拥有执行特定操作的正确权限。被错误配置的网络会导致服务无法相互连接。这一点将在 13.4 节中讨论。

在故障排除场景中，包含一些上述关键服务的问题是极为常见的。即便读者的问题看起来与计算有关，也要务必浏览这些服务的日志文件，以确定没有遇到一个影响广泛的问题。

13.4 网络

由于网络的复杂性和重要性，我们决定在本书中专门用一章来介绍网络。和第 3 章中介绍的一样，用于 OpenStack 的环境和使用案例将严重影响关于网络配置的决策。除了来自网络管理人员的建议和指导外，对于 OpenStack 如何跟踪网络的基本理解对成功部署非常有帮助。

考虑到这一点，我们给读者的第一个建议是重新阅读第 3 章和相关一系列图表，以确保自已理解每样东西应该如何配置。一旦理解了这些,读者就能够更为明智地进行调试。

一旦进入调试阶段,就会有一些特别有用的工具。为了让读者能够顺利地展开调试,下面我们将举一些示例。

13.4.1　网络调试工具

在我们介绍的这些工具当中,许多工具是 Linux 专业人员应当掌握的,我们不会对这些工具展开完整的指导,因为已经有了大量的在线指导和相关出版物。在这里,我们只着重介绍如何在一起使用它们,以及它们在 OpenStack 环境中的特殊价值。

13.4.2　ip 和网络名称空间

Linux 专业人员应该很熟悉 ip 命令。在配置、操作和查看系统网络方面,它取代了许多工具,包括 ifconfig、route,甚至是 netstat 的一些使用。最简单的是,可以运行 ip addr 查看直接分配给接口的地址,或是运行 ip -d link 查看关于设备配置的更多详情。-d 标志可以大致地告诉读者每个接口的设备类型,这在网络配置中追踪操作非常有价值。

在开始查看部署中的租户网络时,事情会变得更为复杂。对于租户网络(默认为10.190.0.0/24 网络),在控制器节点上简单地使用 ip 命令将无法看到 IP 地址或是设备。这些网络存在于网络名称空间中,需要通过 ip netns 命令进行访问。例如,为了查看 DHCP 服务器所在的网络,读者需要使用:

```
$ sudo ip netns
qrouter-1c1c7574-9114-438f-aa33-1eb969478f6a
qdhcp-961c7aa2-4c7b-452f-bc65-6b7cbb2b798a
```

DHCP 服务器的名称空间 ID 以 "qdhcp-" 开头。为了在这一名称空间中运行命令来查看网络详情并进行操作,我们将使用带有名称空间 ID 的 exec 命令和自己希望运行的命令。以下为在 qdhcp 网络名称空间上使用 ip addr。

```
$ sudo ip netns exec qdhcp-961c7aa2-4c7b-452f-bc65-6b7cbb2b798a ip addr
1: lo: <LOOPBACK,UP,LOWER_UP> mtu 65536 qdisc noqueue state UNKNOWN group default
    link/loopback 00:00:00:00:00:00 brd 00:00:00:00:00:00
    inet 127.0.0.1/8 scope host lo
       valid_lft forever preferred_lft forever
    inet6 ::1/128 scope host
       valid_lft forever preferred_lft forever
13: tap4c049b01-60: <BROADCAST,MULTICAST,UP,LOWER_UP> mtu 1400 qdisc noqueue state UN-KNOWN
group default
    link/ether fa:16:3e:83:01:c6 brd ff:ff:ff:ff:ff:ff
    inet 10.190.0.5/24 brd 10.190.0.255 scope global tap4c049b01-60
       valid_lft forever preferred_lft forever
```

```
    inet6 fe80::f816:3eff:fe83:1c6/64 scope link
        valid_lft forever preferred_lft forever
```

　　像在网络那一章中所学的一样，这里的 tap 接口有 DHCP 服务器的地址。我们可进行一个测试来查看新的实例是否可有效地进行 ping，或是确认自己能够 ping 这个网络的网关。

```
$ sudo ip netns exec qdhcp-961c7aa2-4c7b-452f-bc65-6b7cbb2b798a ping -c 2 10.190.0.1
PING 10.190.0.1 (10.190.0.1) 56(84) bytes of data.
64 bytes from 10.190.0.1: icmp_seq=1 ttl=64 time=0.322 ms
64 bytes from 10.190.0.1: icmp_seq=2 ttl=64 time=0.054 ms

--- 10.190.0.1 ping statistics ---
2 packets transmitted, 2 received, 0% packet loss, time 999ms
rtt min/avg/max/mdev = 0.054/0.188/0.322/0.134 ms10.255.202.6
```

　　正如所见，许多命令都能够使用这一网络运行，因此测试这些网络名称空间的连接性非常有价值，因为它们是看不到的。

　　读者可能注意到，还有一些以"qrouter-"开头的名称空间 ID。这一名称空间用于在私有实例租户网络和外部提供商网络之间的网络地址转换（NAT）中提供路由。继续在接口上运行类似的 exec 命令，并重新阅读第 3 章，以便掌握有关正在发生的事情的更多知识。

13.4.3　tcpdump

　　经过测试和值得信任的 tcpdump 命令在所有 OpenStack 管理员的工具箱中都至关重要。它可以用于将提供商网络的流量与实例和其他东西隔离起来。无论是物理接口还是网络名称空间中的东西，一旦确定自己无法 ping 实例或者流量不一致，就需要搞清楚原因。它可以回答"流量在哪里停止的？""有特定类型的流量被阻止了？"等问题。我们可以隔离需要排除故障的网络部分。

　　在控制接口的 eth0 上，一个有用的 tcpdump 命令可能看起来如下：

```
$ sudo tcpdump -i eth0 -vvv
```

　　在其运行时，确认自己正在做一些应当会显示输出的事情，如 ping 运行这一命令的服务器。使用组合键 Ctrl+C 可以停止捕获。如果流量正在接口上运行，我们可能会看到大量的流量。根据需要调整命令监听各种接口。记住，这一命令可以与 ip netns exec 一起使用以查看名称空间中网络上的流量。

> **提示**
>
> 　　还没成为 tcpdump 专家？学习如何阅读 tcpdump 输出可获得这一技能和经验。当读者把 OpenStack 如何使用网络也加入到学习内容时，可能会发现自己面临许多困难。
>
> 　　帮自己一个忙。将 tcpdump 的输出保存至一个文件中并将它加载至图形工具 Wireshark 上。这一工具可实现已捕获的分组的可视化，让用户能够深入地进行研究。下面是一个可与

Wireshark 一起使用的 `tcpdump` 命令：

```
$ sudo tcpdump -i eth0 -w packet_debug.pcap
```

与之前一样，读者希望监听的接口带有-i 标志。这个标志可以进行修改。-w 标志用于定义保存它的文件名。当读者认为自己已经有了充足的数据时，使用组合键 Ctrl+C 可以停止捕获。

读者随后可向 Wireshark 加载 packet_debug.pcap 文件进行分析。在掌握窍门之前，这一工作并不容易，不过与查看原始日志相比，还是相对比较容易的。

13.4.4 MTU

3.1.4 节是关于最大传输单元（MTU）大小的。提醒一下，如果我们在网络流量传输方式中发现了不一致的行为，如能够 ping 实例但握手期间存在 SSH 启动和超时，那么我们可能需要查看 MTU 的大小。记住分组图表并花时间考虑一下网络是如何配置的，以及封装的类型，以计算出 MTU 大小应该为多大。

`tcpdump` 命令和 `ip` 命令可以帮助查看 MTU 大小。`tcpdump` 命令能够帮助查明分组是在哪里被堵住的。如果在分组的生命周期内能够尽早使用，如在发起的 tap 接口上，`tcpdump` 可帮助查明分组早期的大小。`ip link -s` 命令可用于显示接口的统计数据，包括因太大而被丢弃的分组。

13.4.5 Open vSwitch 和 Linux 网桥

在我们的部署场景中，我们使用 Open vSwitch（OVS）作为操作网桥的核心机制。许多运维人员报告称他们正在应对与 OVS 当前版本有关的一些问题。读者可能需要熟悉基本的 OVS 细节。这意味着 `ovs-vsctl show` 等命令可帮助调试并查看流控制和其他细节，但是调试层级超过了普通运维人员应从事的范围。

提示

如果读者处于一个开发环境中，那么不要害怕重启 OVS 守护进程（使用 `sudo service openvswitch-switch restart`）。一旦确认配置正确，而 `ovs-vsctl show` 的输出与所配置的不一致，就要搞准确部署应当如何工作，然后重启 OVS 守护进程。

在生产中，这可能仍是确认 OVS 问题的正确解决方案，但是需要意识到重启该服务将会导致网络服务中断。如果读者有一个规模非常大的部署，那么要完全恢复可能需要几分钟甚至一小时。从长远看，如果在生产中一直在疲于应对 OVS，那么可能需要考虑转换至 Linux 网桥模式，但是 Linux 网桥的配置超出了本书的范围。

现在，虽然我们在配置中已经对 OVS 进行了详细说明，但对于读者的实例，Linux 网桥实际上也可用于 iptables，下面将对此进行讨论。如果出现了问题，可在计算节点上安装 bridge-utils 软件包，它包含有 brctrl，可用于查看和操控实例的网桥。

13.4.6 iptables

另一个调试是以标准的 Linux 工具 iptables 为中心展开的。从最基本的命令开始，可运行 `sudo iptables -L` 以获得 iptables 规则列表。与其他命令一样，该命令也可以与 `ip netns exec` 命令一起使用以查看 qrouter 网络名称空间，后者将运行实例的 iptables。这意味着我们能够在控制器节点上运行下列一些命令，从 iptables 获得规则列表。

```
$ sudo iptables -nL
$ sudo ip netns exec qrouter-1c1c7574-9114-438f-aa33-1eb969478f6a iptables -L
```

由于 `iptables` 可用于 OpenStack 的防火墙，让它们仅执行列表工作，只触及 iptables 功能的表面。`iptables` 命令还可用于添加和移除规则来处理不同类型的流量。如果读者发现自己需要进一步研究使用iptables命令进行安装，可阅读iptables的在线文档或是参考书籍（如 Steve Suehring 在 2015 年编写的《Linux 防火墙》）。

13.5 配置文件

在创建自己的 OpenStack 部署的同时，读者将会发现自己需要查看服务的配置文件。在我们的示例部署中，Puppet 创建了这些文件，因此不应直接编辑它们。在决定自己的部署时，理解自己希望 Puppet 向这些文件中写入什么就变得非常重要。如果完全不依赖 Puppet，或者进行手动安装，就需要手动编辑这些配置文件。

大多数 OpenStack 配置文件为 INI 格式的文件。Puppet 模块维护着这些文件的完整性。如果读者正在手动编辑这些文件，应确保对原始文件进行了备份，然后使用 INI 文件语法突出显示功能来编辑它们，这样有助于找出问题所在。一些服务，如 Heat，也使用 YAML 格式的模板。读者甚至还可以在 OpenStack 生态系统中找到使用 JSON 格式的文件。

无论配置文件是 INI 格式、YAML 格式、JSON 格式还是其他格式，不要因在配置文件中少一个或多一个逗号而浪费一下午的时间。使用能够高亮显示这些格式中错误的工具是最为有效的方式。所有的现代化文本编辑器和软件 IDE（集成开发环境）都支持这些格式。还有一些针对 YAML 和 JSON 的命令行语法检测工具，它们可针对配置修改进行检测工作。

> **提示**
>
> 所有的这些格式都有相当大的自由空间。读者可能不会找到一个完美的解决方案，或一个能够完全自动确认文件格式正确的解决方案。它们能够提供的最大帮助是发现简单的语法错误。

13.6 Puppet

我们在本书中使用官方 OpenStack Puppet 模块创建部署场景，同时使用的还有一个能够将本书中的零散模块整合成一个整体的部署组成模块。这些模块都经过了测试并且能够完美地工作。尽管如此，如果我们希望修改或是发现存在的问题，可以做一些工作以查明问题出在哪里。

我们所拥有的第一个工具是运行带有--debug 标志的 puppet apply，例如：

```
sudo puppet apply --debug /etc/puppet/modules/deployments/manifests/role/foundations.pp
```

这一命令提供的输出将比标准的 apply 命令要多很多，这使我们能够准确追踪 Puppet 每一步正在做什么，发现问题。如果有大量输出，我们需要将这些输出导入一个文件中，以便能够进行搜索和在后面进行参考。

13.6.1 探索模块

如第 5 章中所述，我们将在/etc/puppet/hiera/common.yaml 中的 Puppet Hiera 键值存储中针对我们的部署设置配置变量。该文件的来源是我们的 GitHub 存储库（https://github.com/DeploymentsBook/puppet-data）。默认情况下，为了描述环境，我们会让读者进行一些修改，而这些修改会影响到该文件。为了修改读者希望的内容，该文件还可编辑和添加。

我们使用的组成模块会自动被第 5 章中使用的 setup.sh 脚本拉入。读者可以直接在 https://github.com/DeploymentsBook/puppet-deployments 找到它们。与第 5 章中介绍的一样，该模块描述了我们希望拉入的官方 OpenStack Puppet 模块的组件，同时对在 Hiera 仓库中没有定义的内容进行一些基础的配置修改。这些直接的修改将会启动一个接口或者确保我们示例的对象存储（Cinder）环回卷在服务器重启后被安装。

最后，官方 OpenStack Puppet 模块会与 https://git.openstack.org/cgit/上的所有其他项目一起驻留在 OpenStack 的 Git 服务器上。

每个项目都会以"puppet-"开头，随后会有一个为其创建的特定服务，因此会有 puppet-nova、puppet-glance 等。搜索 Web 接口将会找到它们。由于每个服务的选项正在不断增长，通过探索这些模块，读者将能了解这些模块支持哪些服务选项，它们是如何实现的，以及如何在配置文件中终止它们。如果认为一些东西没有被正确配置，但 Puppet Hiera common.yaml 又有正确的信息，就应当查看一下 Puppet 模块。

> **提示**
>
> 确定自己的 Puppet Hiera common.yaml 文件正确吗？
>
> 在该文件中存在语法错误的情况非常普遍，并且几乎无法被发现。读者可将任何内容放

在该文件中而它们都不会报错。少一个冒号或是变量声明不正确意味着服务是正常工作还是出现故障，因此一定要进行仔细检查。

13.6.2　更多的 Puppet 帮助

除了这些基本的 OpenStack 专用小技巧，如果读者发现自己正在明确地应对 Puppet 问题，就需要参考 Puppet 文档。读者还可以阅读附录 C 学习更多关于 Puppet 如何工作以及如何在部署中长期运行它们的知识。

13.7　缓解中断

如果根本不必应对 OpenStack 中断的情况岂不是很棒？和所有的基础设施一样，在升级、扩展和意外的硬件故障当中，我们可能永远都无法实现这一目标，但是我们可以做一些工作来缓解部署中的中断。

首先，遵从如今大多数操作团队的最佳实践：在修订控制系统（RCS）中保存所有的配置文件。无论是使用 Git、SVN 还是公司独特的内部系统，确保自己正在使用这些。进行会导致部署中断的修改并且不记得自己修改了什么将会浪费大量的时间。保存以往的配置文件，这样如果出现错误就可以很容易地进行回滚。

其次，有办法对修改进行测试。至少有能够检查配置文件语法和针对定制代码的单元测试等最基本的工具。下一步是建立一个小规模的开发环境，并先在此部署修改，然后运行脚本对不同任务进行测试，如 API 端点的可访问性和完成基本任务的能力。在最后进入生产时，许多运维人员还要隔离他们的生产级部署，让部署中的特定区域运行新的修改。如果出现意想不到的问题，只需要回滚一部分部署。如果它们运行得很好，可以让用户有信心进一步展开测试。

在继续进行测试时，还需要建立一个完整的持续集成（CI）系统以测试 OpenStack。在 Jenkins 等开源 CI 系统的帮助下我们能够创建自己的补丁，或者查看 OpenStack 基础设施团队已经为 OpenStack 项目创建了什么。任何修改在 OpenStack 开发版本中落地之前，都需要经过一系列复杂的集成工具的测试或者由 OpenStack 基础设施团队负责进行构建。这其中包括了代码评审（Gerrit），确保彼此间进行了充分测试（Zuul）的补丁的队列管理，管理执行测试工作的数百个测试节点（Nodepool），以及将补丁整合至 Git 的 RCS 项目中。数十家公司目前已经接受了这种完全开源的 CI 系统并在公司内部使用它们。通过 CI 系统，我们可以用正在运行的部署场景的细节以及以专有插件和代理形式出现的附加物来测试 OpenStack。关于在 OpenStack 项目中使用 CI 系统的更多知识可访问 http://docs.openstack.org/infra/system-config/。

除了对修改的组件进行标准测试外，还需要注意上游修改也会影响到我们的部署。针对安全和重大漏洞，Ubuntu 软件包会进行更新。在我们的部署场景中，我们指定了 Puppet 模块的稳定/mitaka 版本的用法，但是这些上游 Puppet 模块也会经常针对安全或 bug 修复进行修改。在能够对修改进行测试前，需要考虑限制任何针对生产级部署的此类修改。

尽管本书中没有专门投入资源来介绍升级场景，但是最后一些有助于避免崩溃的小建议与升级密切相关。

首先，遵从以上所有建议并确保在进入生产环境之前对一切都进行了测试。其次，经常阅读正在使用的服务的版本注释。OpenStack 仍然是一个时间相对比较短的项目，并且它的开发环境仍在持续发展中。通过每一个版本，读者肯定会发现自己使用的 API 版本端点已经发生了变化，或是出现了新的数据库架构（或是新的数据库），也可能会出现为了支持新的功能导致正在使用的功能被抛弃的情况。这些都是需要注意的东西，它们应当全部包含在每个项目的发行注记当中。

13.8   请求帮助

有时我们会真的陷入困境。我们可能仍在学习如何将所有的组件整合在一起，或者问题真的需要一名主题专家，也可能一次升级会打破我们一直依赖的东西。有无数个理由让我们不想或不需要仅凭自己的知识或是在公司内部寻求帮助解决问题。

当遇到这种情况时，应尽可能多地审查配置文件和日志文件并删除用户名、密码和密钥，然后与 OpenStack 社区联系。OpenStack 社区在全球有着针对用户的邮件列表和更高级运维人员的邮件列表、问答形式的 Web 论坛、各种 IRC（因特网实时聊天）频道和见面活动。在这里可以获得帮助。根据合同或持续发展的基础提供专业援助的公司也已经出现了数十家。了解更多关于 OpenStack 帮助资源的详细情况可以参阅附录 F。

13.9   小结

任何一名 OpenStack 部署的运维人员都会迅速地在排除部署故障方面变得娴熟起来。在本章中，我们介绍了关键的理念和工具，展示了如何阅读错误信息和相关日志、应当关注的关键服务和追踪网络调试的方法。最后，我们探索了 Puppet 是如何用于本书中的部署的，评估了一些在部署中缓解中断的技巧，简要介绍了如何寻求帮助。

第 14 章

厂商与混合云

千万别认为你已经看到了最后的东西。

——尤多拉·韦尔蒂[①]

无论读者是正在创建在公司内部使用的基础设施，还是正在为客户创建计算云，本书中的许多内容目前仍在尝试解释如何像运行自己的东西那样在封闭的环境中运行 OpenStack。在本章中，我们将通过探讨厂商如何帮助部署和如何针对可能变成混合云的环境使用公有云的方式，探索其他的生态系统。最后，我们将通过一些公司的示例浏览一下 OpenStack 是如何让读者能够避免厂商锁定的。在这些示例中，公司成功横跨了多个云运行自己的基础设施。

14.1 厂商生产系统

没有围绕 OpenStack 而建的庞大的厂商生态系统，就不会有 OpenStack 的今天。各种不同的公司都在为 OpenStack 提供着支持，其中包括：

- 近期已经转而提供云解决方案的传统的客户托管公司；
- 发现客户期望的云解决方案的知名技术公司；
- 开始专门提供以云为中心的解决方案的全新公司。

这些公司提供的服务包括公有服务和私有服务。在本章的后面中，我们将会深入介绍公有服务。从进入公司并创建一个完整的 OpenStack 部署，到承诺在公司内部提供如用于文件安全共享的对象存储等服务的多个特定解决方案，私有解决方案可以是其中的任何一个。作为一名技术专家，理解环境中所发生事情的基本原理非常有价值，不过目前已经出现一些专业技术公

[①] 尤多拉·韦尔蒂（Eudora Welty），20 世纪最著名的美国作家之一，她主要以短篇小说闻名于世，尤其是早期的短篇小说集。——译者注

司，这些公司拥有在用户需求变化时维护和扩展部署所需要的专业知识。

如果公司规模足够大，可以雇用全职人员管理由 OpenStack 驱动的环境。此外，还有一些专业的培训和咨询服务公司。当团队需要学习更多关于 OpenStack 特定组件的知识或是寻求一些扎实的专业知识来克服当前面对的某类困难时，这些服务会非常有价值。

OpenStack 基金会维护着一个 Marketplace，可以在 http://www.openstack.org/ marketplace/中搜索厂商。这个 Marketplace 也提供一些发行版和围绕 OpenStack 创建的工具，它们可以让部署和管理变得更为容易。这些发行版几乎一直需要用户与厂商交互才能进行探索。如果用户希望自己进行探索，有一些还提供了社区版或是产品的简化样品。

在之前的章节中，我们使用 Puppet 部署 OpenStack。有一些厂商使用的是这些开源 Puppet 模块或是附录 B 中的东西。不过他们常会创建自己的东西，或者在开源选项之上加些其他的东西。询问这些厂商如何进行部署是值得的，因为这样可以熟悉他们的工具并知道如何将这些组件整合在一起。

除了部署机制外，在对厂商生态系统进行探索时，用户应当记住自己可能会转而使用其他的专利软件组件。虽然基础仍为 OpenStack，但是相关工具可能是由某一厂商开发或者许可的，从而能够为客户提供超过竞争对手的价值。在签订许可协议时清楚这一点非常重要。可以与法务部门一起做适当的决策。

14.2　公有云与混合云

除了在自己的基础设施上简单地运行 OpenStack 外，还可以通过探索公有云或在自己的公司内使用混合云环境成为 OpenStack 云的用户。

14.2.1　公有云

之前介绍的 OpenStack Marketplace 是一个专门致力于公有云的地方。如第 7 章中深度讨论的那样，公有云是由第三方运行的，用户能够通过与其交互启动实例（通常为虚拟机），向实例添加块存储，与对象存储交互或是在实例间管理网络。虽然 OpenStack 本身的管理由厂商负责，他们除了熟悉用户级工具外，当用户使用 OpenStack 时，他们甚至可以向用户提供一定的透明度。

由于能够让用户便捷地使用公有云并且无需用户进行维护和扩展，这对于许多公司来说是一个非常有吸引力的选择。公有云可让用户以指数级增加和利用 OpenStack 提供的服务，同时不需要庞大的前期投资或让其成为公司的核心竞争力。在评估这些选项时，需要重点关注位置、成本、数据主权与安全。

1. 位置

公司可能遇到的最常见的现实顾虑之一是数据的采集、处理和存储。对于一家基于 Web 的公司并且所有的数据都来自通过互联网与公司交互的客户，在云上管理这些数据可能具有重大的意义。用户可以在全国和全球使用这些由公有云厂商提供的数据中心，不需要创建自己的数据中心。这些数据与用户及其客户的关系非常紧密，就像使用自己的数据中心一样。

但是，一般的公司更多地是进行本地数据处理，如在本地工作的机器之间采集和传输数据，或者从仅有权访问单一位置的特制设备那里下载数据，那么可能需要评估一下公有云对自己是否有意义。即便如此，公有云仍然有扩展优势和通过地理分散降低风险的优势，不过如果这样，公司将严重依赖一个高速且可靠的因特网连接。这将是一项高昂的投资，同时会为自己的环境带来更多风险。这里的考虑是将公有云作为一个备份地点使用。

他们可能会强力推动公司制订 IT 策略或是 PCI 安全标准。因此了解公司内部的详细需求非常重要。

2. 成本

由于在硬件、数据中心空间和人员方面的投资，在本地运行 OpenStack 非常昂贵。尽管如此，许多公司发现一旦自己达到了一定规模，与使用厂商的公有云服务并持续向厂商付费相比，本地运行 OpenStack 会具有价格优势。

在评估使用公有云的成本和优势时，应当考虑以下几点。

- **增长潜力**：随着公司的成功，基础设施是否会持续增长？
- **公司的年龄、规模和成熟度**：公司可能在初期就已经使用了公有云，因此不需要在硬件、空间和人员上进行投资。随着公司的不断成熟与成功，定期进行重新评估，看一下这些投资目前是否具有意义就变得至关重要。
- **需要的专利解决方案**：正在使用的公有云是否提供了开源或者本地开发都无法提供的功能？厂商锁定在早期非常普遍，定期评估自己依靠的内容、时机以及将它们引入公司内部是否有意义都非常重要。
- **核心竞争力**：公司可能会选择不再花钱雇用工程师团队管理私有基础设施。确保对此进行了充分讨论，以便公有云的使用能够被持续证明是合理的和被编列预算的。

正如所见，时常会有公司决定停止使用公有云，但这并非普遍现象。许多公司会以公司核心竞争力为由选择长期使用公有云，以便将开发力量集中在其他地方。

3. 数据主权与安全

许多公司在开始使用公有云时经常会忽视数据主权，但是这一主题不应当被忽视。数据主权是一个概念。在这个概念中，被处理和存储的数据必须遵从其所在国家的法律。在日常当中，云用户不清楚他们的照片被存储在何处，或不清楚他们的流媒体音乐来自何处。但是作为负责存储这些数据的人员，熟悉数据存储在何处和当地法律以确保客户数据安全非常重要。在评估公有云平台时，应关注数据中心位于何处以及自己迁移数据时有哪些选项。延迟和成本等因素可以用于权衡这一潜在风险。数据存储地点离用户过远会导致延迟，数据中心托管在不理想的地方会导致成本上升。

熟悉本国的数据安全法也很重要。在美国，所有数据的存储都有着相关的联邦法律，如医疗数据有《健康保险流通与责任法案》(HIPAA)，金融数据有《海外账户税收合规法案》(FACTA)，儿童数据有《儿童在线隐私保护法案》(COPPA)。这还不包括每个州的法规和当地的法规。评估将要存储的数据的类型，确保公有云提供商能够在基础设施内部满足自己的数据安全需求也非常重要。

14.2.2　混合云

除了使用公有云，许多公司目前正在使用混合了公有云与私有云的混合云，有时候甚至会涉及多个公有云。

使用

首先像之前几章一样介绍一系列真实示例。下面为目前两个正在使用混合云的地方。

（1）OpenStack 基础设施团队。在日常中，OpenStack 项目内的开发团队会提交数百个补丁提案。在其他团队评估包含的代码之前，所有这些补丁都需要进行测试。通过在多个公有云、私有云和一个私有"基础设施云"（infra-cloud）运行 OpenStack 实例机群，OpenStack 基础设施团队每天会对这些提案进行数千次测试。其中，私有云由公司运行并支持需要专业测试的项目特定组件，私有"基础设施云"由团队自己管理并扩展由公有云公司捐赠的资源。

与这些云交互的工具和使用 OpenStack 时的一样。该团队发现不同公司构建公有云和私有云方式的不同会造成一些小差异。不过在进入生产之前，这些通常都可通过测试和修改来克服。如果团队与之交互的云发生了修改，他们还有一个机制能够在只减少测试能力而不中断测试的情况下禁用该云的提供商。

（2）政府研究机构。正如在本章前面讨论公有云时所讨论的，在基础设施中使用私有云时有许多的考虑因素。如果是专注于科学研究的政府部门，那么这些考虑因素中的许多就变得尤为重要。政府研究机构对其混合云部署持开放态度。通过运行将 OpenStack 作为私有云的混合云以及使用两个类型完全不同的公有云解决方案，他们已经超越并到达了 OpenStack 解决方案之外的领域。

在他们的基础设施中，他们使用的是由厂商提供的云管理平台。这个云管理平台能够让他们使用相同的工具管理 OpenStack 和带有相同工具集的不同的第三方云提供商。管理平台厂商负责工具和 API 的抽象化以实现上述可能。管理平台厂商同时会与客户密切合作以确保他们有权访问由公有云厂商提供的不同功能。这些厂商还在不同类型的云之间提供了统一的体验。

这一解决方案让他们能够将从科研设备采集到的数据存储到本地基础设施中，并在使用他们的 OpenStack 私有云的研究人员中进行共享。该方案还为他们提供了一个针对民间研究人员和爱好者的网关，让民间研究人员和爱好者能够通过运行在公有云上的基于 Web 和 API 的平台与这些数据子集进行交互。

14.3 厂商锁定

随着开源软件在过去十年中的迅速增长，许多公司开始逐步意识到专利的厂商锁定存在的危险，以及如何利用开源软件避免这一问题。随着公司发现专利软件云解决方案的许可证和费率以及公有云正在不断增长，他们已经意识到类似于由 OpenStack 提供的开放的基础设施在此扮演了一个重要角色。

通过使用 OpenStack，我们可以采购软件核心并创建余下的基础设施，同时不用担心随着对该核心的不断依赖出现价格上涨的情况。甚至当我们探索尝试特定厂商的、有专利的 OpenStack 发行版和工具时，锁定的风险也已经大幅降低，因为我们实际上仍然在使用相同的核心软件。当价格增长过多或是厂商已经无法提供服务时，我们可以有更多的选项。

最后，OpenStack 运行在商业硬件上。我们不会受制于向自己加价出售软件专用硬件的硬件厂商。现代化的虚拟化基础设施中的已有商业硬件可很好地用于 OpenStack，因此我们不需要购买任何新的硬件来尝试 OpenStack。

14.3.1 迁移至自己运行的新云上

要考虑到帮助用户处理 OpenStack 的厂商会提供这些服务的情况。除了可在 OpenStack 领域内找到的以及提供专利云解决方案的咨询公司和厂商生态环境外，公司还可以选择将云迁移至本地运行。这一切换可能并不是无痛的，但是，我们可以使用熟悉的 OpenStack 工具，并在基础层面上使用相同的开源组件，这样可以降低技术的学习曲线，同时让公司获得一个重新开始的起点。

在开始迁移时，我们可以在公司内招募人才完成这一工作，也可以雇用其他厂商或咨询公司运行自己的私有云，甚至可以考虑迁移至公有云上。如果选择自己运维，咨询公司和厂商也可以辅助完成初始工作和人员培训。

14.3.2 迁移至由厂商运行的云上

无论是公有云还是私有云，在接触新厂商时我们有许多选择。通过将 OpenStack 放在当前的基础设施的核心位置，可以选择其他专注于 OpenStack 的厂商。这些厂商可以快速准确地提供我们在 OpenStack 方面所需的和想要的东西。如果正在向公有云上迁移，熟悉 OpenStack 组件在迁移服务时可以节约大量的时间。

14.4　小结

围绕在 OpenStack 周边的商业社区是 OpenStack 的最重要资产之一。在构建一个由 OpenStack 驱动的云时，用户可以向许多厂商寻求帮助，这些厂商精通不同的组件，能够提供不同层级的支持和咨询，从全方位的本地支持到为扩展提供帮助。

除了运行公司内部的私有云，OpenStack 还为使用公有云和运行混合云打开了大门。尽管它们有一些需要认真考虑的警告，但是已经证明公有云能够提供一个不需要巨额前期投资即可运行的基础设施，并且能够让公司不在自己运行物理环境的情况下保持持续运维。通过混合云，可以使用私有云和不同的公有云，从而让公司获得巨大的灵活性。

参考部署

本书的作者努力展示了 Puppet 部署使用用户偏爱的硬件和虚拟化配置的情况。第 3 章中有一些图表，这些图表展示了关于系统应当如何设置的逻辑和物理图解。

如果读者正在忙于应对自己的配置，或是对于使用的工具没有偏好，可以使用以下经过了测试的参考部署。

对于所需的硬件、软件和虚拟化技术，我们都进行了选择。

A.1　系统要求

这一参考部署将使用一台单独运行 Ubuntu 14.04 的计算机（服务器、台式机或笔记本电脑）。控制器和计算主机将在 KVM 上虚拟运行。服务器必须至少符合以下规范：

- 1 个 NIC；
- 50 GB 硬盘空间；
- 8 GB RAM；
- CPU 中硬件虚拟化已启用。

参考部署将使用以下安装自 Ubuntu 软件档案的软件：虚拟化专用的 KVM 和 qemu、用于管理控制器节点和计算节点的 libvirt、可访问控制器节点和计算节点的虚拟机管理器和 OpenSSH、位于主机上且用于管理提供商网络的 Linux 网桥。

A.2　安装

通过以下步骤创建参考部署。

（1）安装 Ubuntu 14.04 Desktop。这将成为控制器主机和计算主机的主机，我们可以从这里运行图形工具。

（2）安装软件包以支持环境：

```
$ sudo apt-get install openssh-server libvirt-bin qemu-kvm qemu-system \
virt-manager bridge-utils
```

（3）我们的用户应当被添加至 libvirtd 群组中。如果没有，可通过以下命令添加：

```
$ sudo adduser your_username libvirtd
```

（4）登出并重新登入以让设置生效。

（5）设置网桥：

```
$ sudo brctl addbr virbr1
$ sudo ip addr add 203.0.113.1/24 dev virbr1
```

192.168.122.1/24 网络将直接分配 IP 地址给读者即将启动的基于 KVM 的虚拟机。203.0.113.1/24 将作为外部网络。我们能够使用这一网络从地址池中分配一个虚假的公共地址给 OpenStack 实例。

注意

读者应当已经拥有了一个带有 192.168.122.1/24 的 virbr0。在安装 libvirt 时，它们可以自动设置。通过浏览以下命令的输出予以确认：

```
$ ip addr show
```

如果没有，读者需要针对如何操控由 virsh 创建的网络查看一下 virsh 网络文档。

（6）现在我们将创建磁盘镜像。记住，这两个镜像需要 50 GB 的硬盘空间。如果没有这么多空间，我们可以稍微减少这些磁盘的大小，不过它们将减少在控制器节点和计算节点上必要的协作空间。

```
$ sudo qemu-img create -f qcow2 -o preallocation=metadata \
/var/lib/libvirt/images/controller.qcow2 30G
$ sudo qemu-img create -f qcow2 -o preallocation=metadata \
/var/lib/libvirt/images/compute.qcow2 20G
```

（7）从 http://releases.ubuntu.com/trusty/下载最新的 Ubuntu 14.04 64-bit PC（AMD64）服务器镜像，并将其放置在/var/lib/libvirt/images/。这一位置非常重要，因为后面的命令将会用到。读者需要使用 sudo 将镜像置于该目录中。

（8）创建这些镜像并将 Ubuntu 镜像置于正确位置之后，使用 libvirt 命令创建带有 4 GB RAM 和 2 个 NIC 的控制器节点。

```
$ sudo virt-install --connect qemu:///system -n controller --vcpus=2 -r 4096 \
--network=bridge:virbr0 --network=bridge:virbr1 \
-f /var/lib/libvirt/images/controller.qcow2 \
-c /var/lib/libvirt/images/ubuntu-14.04.4-server-amd64.iso --vnc \
--noautoconsole --os-type linux --os-variant ubuntutrusty
```

（9）使用虚拟机管理器（Virtual Machine Manager）进行连接。通过在 Ubuntu dash 中搜索 Virtual Machine Manager 启动它们。

（10）由于这一虚拟机有 2 个 NIC，在进入提示 Configure the Network 的安装界面时，选择 "eth0: Ethernet as your Primary network interface"（Ethernet 将作为主网络接口）。

（11）现在创建带有 2 GB RAM 和 1 个 NIC 的计算节点。

```
$ sudo virt-install --connect qemu:///system -n compute --vcpus=2 -r 2048 \
--network=bridge:virbr0 -f /var/lib/libvirt/images/compute.qcow2 \
-c /var/lib/libvirt/images/ubuntu-14.04.4-server-amd64.iso --vnc \
--noautoconsole --os-type linux --os-variant ubuntutrusty
```

随着服务器的启动和运行，读者可以通过 ssh 登录它们或是通过与 Virtual Machine Manager（见图 A-1）交互，根据第 5 章要求设置系统。

图 A-1　Virtual Machine Manager。读者可以通过 Virtual Machine Manager 访问自己创建的实例

A.3　推荐

对于所有命令，如果不通过 Virtual Machine Manager 进行交互，我们就需要在所有系统上安装 openssh-server 软件包。这将允许我们使用 SSH 与机器连接，同时更为容易地将命令传递给它们。

此外，读者安装的 Ubuntu 桌面带有火狐 Web 浏览器。读者可以使用该浏览器与 OpenStack 仪表盘 Horizon 进行交互，而不需要安装任何额外的软件。

附录 B

其他部署机制

我们在本书中探索了使用 Puppet 进行各种 OpenStack 部署。尽管如此，Puppet 仅仅是庞大的 OpenStack 生态系统中众多选项中的一种。通过不同的部署机制，或是通过让 OpenStack 运行在不同的工具上而不是在公司环境的其他部分上，读者可以无需在工具中进行切换即在公司中部署 OpenStack。

作为 OpenStack 社区一部分的所有部署机制都可以通过浏览 OpenStack 代码仓库（https://git.openstack.org/cgit/openstack/），在代码仓库中找到。

本书中介绍的工具均为最流行和最成熟的工具，不过工具列表一直在更新。如果自己偏爱的工具没有出现在列表上，花时间搜索一下看看是否有可用的 OpenStack 部署指导或是看一下 OpenStack 部署指导是否正在完善中是值得的。

B.1　Chef

在项目 Git 存储库中的 OpenStack 项目下，已经有了 OpenStack 可用的 Chef cookbook。它们全都以前缀 cookbook-openstack-开头并以其正在部署的特定项目结尾。例如，读者可以通过访问 https://git.openstack.org/cgit/openstack/cookbook-openstack-compute/tree/找到计算（Nova）项目的 Chef cookbook。

每个存储库中的 README.rst 都提供了针对各个项目的参考。它们中的每一个都有一些关于 cookbook 使用的基本指导。许多还都链接了描述如何在完整的 OpenStack 部署环境中使用 cookbook 的额外存储库。

B.2　Ansible

在 OpenStack 项目 Git 存储库中也可以获得一系列的 Ansible playbook。

与 Chef 和 Puppet 不同，Ansible 提供了一个单独的拉入其他组件的部署指导。基本设置指导包含在 README.rst 文件中，其中包含了一些可用脚本的简介，根据读者正在尝试的部署类型，范围涵盖了从启动到运行。

B.3　SaltStack 和其他工具

其他的开源配置管理工具，如 SaltStack，目前也在他们的官方存储库中推出了 OpenStack 工具。这些项目游离于 OpenStack 社区之外，读者可以通过搜索这些项目的代码仓库或文档找到下载和使用指导。

B.4　特定于厂商的部署机制

由社区推动的技术努力，如 Puppet、Chef 和 Ansible，在最近几年里已经跟上了生产使用的步伐。不过，OpenStack 在部署方面已经变得前所未有的复杂。如第 14 章所讨论的那样，厂商提供了一大批特定于厂商的部署机制，其中的一些部署机制与厂商自己的 OpenStack 发行版紧密地整合在一起，通过他们的 OpenStack 解决方案打包了许多的其他工具。Red Hat 和 HPE 也在这些提供解决方案的公司行列之中。还有一些公司聚焦在使用自己的以部署为重点的部署工具上，如 Canonical 针对 Ubuntu 生态系统的 Juju。

由 OpenStack 基金会管理的 OpenStack Marketplace 提供了一份关于提供自己的 OpenStack 发行版和工具的厂商综合性清单。

附录 C

经久耐用的 Puppet

对于本书中的每一个部署示例，我们都运行了一个设置脚本，并在随后执行了 `puppet apply` 命令以应用这些清单。这非常适合于尝试每一个场景，从而获得 OpenStack 在不同部署中的工作方式的体验。不过，对于运行 OpenStack 来说，这并不是一个可维护的方式。为了从本书中选取 Puppet 部署模块和 Hiera 并将它们变成真正的 OpenStack 部署，读者需要考虑一些事情并做出调整。

C.1　Puppet Master 或 Masterless

从 Puppet 方面来看，读者需要改变的首件事情是不需要像我们在书中一样使用 `puppet apply` 运行 Puppet。尽管一些 OpenStack 部署使用的是 masterless Puppet 模式，但是这其中存在着一些缺点。首先，所有的 Puppet 代码和 Hiera 数据需要复制到每个节点并保持更新。在 masterless Puppet 模式下，读者不能像使用输出的资源那样使用它们。与 masterless 相比，通过 Puppet master 模式运行 Puppet 也有一些优势。首先，其提供了一个单独的空间用于进行修改，并且可自动部署至每个节点上。默认情况下，所有客户端都将申请一个目录并每 30 分钟运行一次 Puppet。这意味着，它们将会在 30 分钟内进行更新，手动改变将会被自动恢复（一直持续至被修改的资源由 Puppet 管理）。虽然 masterless Puppet 模式也有一些优势，如没有目录编译瓶颈，但是读者至少需要确认想要运行 masterless 模式，并要在产品化本书提供的解决方案之前衡量一下利弊。

C.2　Hiera

在本书中，我们使用了一款来自 Puppet 并称为 Hiera 的键/值工具为每一个部署示例存储参数。为了简单起见，本书中使用的 Hiera 仅勉强达到了 Hiera 认为的定义。Hiera 允许在一个层级中出现重叠值。本书中，我们有一个简单的平面文件。在任何真实的部署中，读者需要有一个真实的层次结构。这个结构中要有类似于区域、节点类型等不同的层，无论节点是开发中的、阶段性的，还是生产级的。考虑到读者可能会希望自己的开发计算盒子（dev compute box）的软件包版本与生产节点的软件包版本不同，这就是 Hiera 的目的。它们甚至能够用于在地址上隔离的节点。欧洲境内的节点将有不同于美洲境内节点的 NTP 和 DNS 服务器。关于 Hiera 功能的更多详细内容参见 https://docs.puppet.com/hiera/1/。

Hiera 中的密码

读者需要解决的另一个问题是在 Hiera 中存储密码。将未加密的密码签入 Git 中并不是一个好主意，并且是不安全的。使用 hiera-emyl 后端是一个解决这一问题的办法。密码将在磁盘中加密并针对目录编译进行解密。这其中有一个缺点，即读者的 Puppet master 需要一个解密密钥，不过对明文来说是一个很大的改进。读者也可以考虑其他的解决方案。记住，将密钥存储在自己的部署中的密码管理工作应当是一个首要考虑。Hiera 包含了 OpenStack 管理用户、RabbitMQ 和 MySQL 的密码，其中任何一个密码泄露出去都会是极度危险的。

C.3　节点分类

和之前提醒的一样，在本书中读者将通过手动在指定的盒子中运行 `puppet apply` 命令选择节点类型。这种方法无法很好地进行扩展并且容易出错。如果有人意外地将 foundations_public_cloud.pp 目录应用到了计算主机，那么 OpenStack 集群会发生什么？为了在生产中运行它们，读者需要考虑如何进行 Puppet 节点分类。这一工作可以使用 Puppet Enterprise（需付费）附带的 Puppet 控制台完成。此外，这一工作也可通过 Hiera 和 site.pp 文件完成。在产品化这一代码时，这是一个需要考虑的问题。

C.4　模块管理

一个需要重点考虑的问题是如何管理 Puppet 模块并与上游保持同步。模块的版本由 Puppetfile 管理并由 Puppet 部署工具集 r10k 拉入。在大多数情况下，本书附带的 Puppetfile 将会让读者进入一个良好的状态。非 OpenStack 模块的版本被锁定至特定的标签中。这意味着除非读者移动它们的代码，否则它们的代码不能"移动"。新的模块每天会被标记和发布。实际上，Puppetfile 中的许多标签可能已经过时了。读者有什么系统可以更新这些标签和追踪新的发布呢？如果测试这些新的模块呢？这些都是需要考虑的关键问题。我认为，先保持滞后，然后再一次性大幅跨越至所有的新模块上并不是一个好计划。规划至少隔几个月评估一下模块标签，看看它们是否已经升级了。下面是模块被贴上标签的示例：

```
mod 'stdlib',
  :git => 'https://github.com/puppetlabs/puppetlabs-stdlib.git',
  :ref => '4.6.0'
```

OpenStack 模块没有固定在一个标签上。它们被绑定到了一个发布分支。这个发布分支可由 stable/mitaka 代表，未来可能是 stable/newton。基于 Puppet OpenStack 团队所使用的策略，这个分支应该没有颠覆性的变化，并且应该只会随着补丁被向后修复（backport）而变得更加完善。这里的"应该"是一个关键词。由于没有绑定至一个标签，每当 Puppet OpenStack 模块的 stable/mitaka 分支出现更新，我们也可在这些模块中进行修补。不过，我们也会遇到风险，因为一些导致我们运行中断的东西也会被向后修复。换句话说，每当 r10k 运行时，事情可能会变好，但也可能会变坏。读者要么需要一直面临这样的风险，要么将这些模块绑定至一个特定的提交 ID 并跟着其他模块的节奏更新它们。Puppet OpenStack 模块在 stable 分支上没有标签，所以，如果读者希望它们被锁定，那么需要链接至一个 commit-id。下面是将模块绑定至一个分支的示例：

```
mod 'neutron',
  :git => 'https://github.com/openstack/puppet-neutron.git',
  :ref => 'stable/mitaka'
```

关于模块的最后一个注意事项——如果发现了问题，请提交 bug。如果可能的话，请在上游提供修复。如果问题是关于 Puppet 模块的，可在 freenode（IRC）的#puppet-openstack 频道进行询问，或是在 Launchpad 中提交关于模块的 bug。如果读者的问题更多的是关于 OpenStack，可参见附录 F，查看如何寻找帮助或提交 bug。如果希望学习如何做贡献，可参见附录 D。

C.5 软件生命周期

通过 Puppet 管理 OpenStack 部署，读者将进入"基础设施即代码"的情况，而这在现代 IT 中正变得越来越流行。这意味着，读者需要为自己的 Puppet 代码和 Hiera 数据定义软件生命周期。这里可能包括独立的测试环境、代码评估、CI（持续集成）程序，同时读者还需要决定如何测试、更新和部署代码。如何做这些并没有一个正确的方法，但是读者需要考虑这一问题。

C.6 角色与配置文件

本书中的代码使用的是 Puppet 角色和配置文件，它们是一个针对 Puppet 的优秀设置模式。通过移动功能，甚至是创建新的节点类型使得节点更容易"重组"。尽管如此，针对本书所定义的节点类型可能无法满足读者架构的需求。在部署自己的云时，读者需要考虑自己的架构和新节点类型或角色修改体验。本附录仅浅显地介绍了能够利用这些角色和配置文件做哪些工作。

如若学习更多的知识，读者需要阅读 Puppet 文档。

C.7　软件包

在本书中，我们使用了针对 Puppet 的官方 Ubuntu 软件包。不过，这些都稍微滞后于 Puppet 所提供的内容。该代码已经针对 3.x 系列的 Puppet 进行了测试，应该能够与 Ubuntu 版本或是来自 Puppet 的最新的 3.x 软件包共同工作。尽管如此，如果读者正在使用 Puppet 提供的最新软件包，那么读者可以在 Puppet 社区中获得更好的支持，并就 Puppet bug 获得良好的支持。尽管 Puppet 4 已经发布，但是它们还非常的新并且并不是所有的模块都支持它们。无论选择使用 3.x 或 4.x，读者都应该从 Puppet 那里获得针对 Puppet 的软件包、Hiera 和 Facter。对于 Ubuntu，读者可以运行下列命令启用这一 repo。

```
$ sudo su -
$ apt-key adv --keyserver keyserver.ubuntu.com --recv-keys 0x1054B7A24BD6EC30
$ echo 'deb http://apt.puppetlabs.com/ trusty main dependencies' > \
/etc/apt/sources.list.d/puppetlabs.list
$ apt-get update
```

C.8　修订控制

使用 Puppet 等配置管理系统的一个好处是能够将所有的东西都放在一个修订控制系统中。当使用类似于 Git 的东西时，读者可以根据时间追踪变化，恢复至已知的正常工作配置，并在一个集中的地方保护密码和密钥等。如果目前还没有为系统使用修订控制，那么我们强烈推荐它们。本书使用的是公共的 GitHub Git 存储库，如果读者正在存储关于部署的关键信息，如 IP 地址和密码，那么可能需要设置一个私有的 Git 存储库。提示：读者可能会尝试将所有的 Puppet 模块放到一个存储库，并忽略使用带有独立存储库的 r10k。这可能会让读者在初始的时候快速提升生产力，但是从长远看，这将会让读者付出代价。因为它们会迅速变得很笨重，并且难以与上游模块修改进行同步。许多在部署中尝试了这种方式的人都已经改成为本书中所介绍的方式，使用 r10k 分别签出这些模块。

C.9　还有哪些属于组成模块

在其核心，部署模块是一个组成模块。我们创建的部署模块是专门针对本书和基本的 OpenStack 部署编写的。其将所有的 Puppet OpenStack 模块与 MySQL 和 RabbitMQ 等支持模块整合在一起，并与它们一起为用户提供了一个运行的 OpenStack 云。我们在这里所展示的东西非常迷你。此外，还有许多其他的内容也属于 OpenStack 组成模块。

用户可能不需要使用我们在生产部署中所提供的组成模块，而是自行创建自己所需要的定制的组成模块。以下并非一个详尽的列表，但是可以帮助用户做一些准备工作以将自己的云用于生产以及构建自己的组成模块。

- 为部署的关键要素设置备份。MySQL 是一个示例。
- 管理 apt 存储库。目前这一模块仅添加了 Ubuntu Cloud Archive 存储库。读者可能需要添加一个针对 RabbitMQ、Puppet 或其他厂商的存储库。
- 解决软件包问题。有时，软件包对软件包版本没有适当的依赖关系。组合层可用于为读者强制执行这些依赖关系。
- 增加额外的 OpenStack 角色、用户和项目。如果读者有一个标准的角色或用户集，并且读者希望这些角色和用户出现在自己的云上，那么组合层可以声明它们。
- 解决 Puppet OpenStack 中的上游问题。尽管 Puppet OpenStack 团队竭力不发布带有 bug 的代码，但是这一问题还是会发生。如果读者的部署中有 bug 或是难以解决的问题，那么读者可以在组合层解决它们。同时请向上游报告出现的 bug。
- 设置集群和 HA。读者的组成模块还可以帮助读者配置和部署集群或 HA 解决方案，如针对 MySQL 的 HAProxy 或 Galera Cluster。
- 调整。最后，组合层可以帮助管理在 OpenStack 集群中的调整。调整包括数据库调整、利用 sysctl 的系统调整以及调整 RabbitMQ。

C.10 更多信息

读者可获取两个会议视频，这些些视频能够更为详细地解释 OpenStack Puppet 模块，以及它们与部署模块等组成模块之间的关系。在这些讨论中，读者可能会听到有些模块称之为"Stackforge" Puppet 模块。该模块已经在本书中介绍，不过它们已经重新命名为了 OpenStack Puppet 模块。

第一个视频来自 2015 年春季在温哥华召开的 OpenStack 峰会。该视频介绍了 OpenStack Puppet 模块以及两家不同公司关于如何部署它们的解决方案示例。名为"Building Clouds with OpenStack Puppet Modules"（利用 OpenStack Puppet 模块构建自己的云）的视频可在网上找到。

第二个视频来自 2015 年秋季在波特兰召开的 PuppetConf 2015。该视频提供了关于 OpenStack Puppet 模块的概述，简要介绍了带有这些模块的 OpenStack 的通用组件。名为"Deploying OpenStack with Puppet Faster than Light"（利用 Puppet 以光速部署 OpenStack）的视频可在网上找到。

为 OpenStack 贡献代码

OpenStack 项目可以宽泛地描述为一个由单个项目组成的庞大生态系统，这些单个项目汇集在一起创建了一个我们称之为 OpenStack 的最终结果。这些项目中的每一个都由 OpenStack 技术委员会（TC）在较高层面上进行管理，不过在每个项目的基础层面上，都有一名被选定的项目团队领导（PTL）和多名核心代码评估员，由他们专门负责这个项目。OpenStack 生态系统也为所有项目提供支持，这些支持包括文档、国际化和 OpenStack 项目基础设施团队等。

向 OpenStack 贡献代码在一开始会让人感到望而却步，因为这是一个庞大的生态系统，但是如果仅专门致力于特定的代码段，读者能够成为一名成功的贡献者。

D.1 贡献概述

在所有的 OpenStack 项目中都有一些关键的概念，包括将 Python 作为核心开发语言、功能规范流程、代码评估、发布周期和测试基础设施等，这些都是所有代码必须经历的。

OpenStack 项目的贡献者来自众多不同的公司、机构和个人。在这些贡献者中，许多由雇主直接支付薪酬，但是还有许多是志愿者，他们自愿为项目贡献代码的原因也不尽相同。由于市场对 OpenStack 开发者的需求量非常大，熟悉 OpenStack 生态系统有利于读者使用 OpenStack 的职业生涯。

D.1.1 发布周期

作为一名 OpenStack 的新贡献者，读者可能对发布周期没有多少兴趣。尽管如此，读者还是需要理解它们，以便读者的修改能够被合并至自己所锁定的 OpenStack 版本中。

除了一些与 OpenStack 其他项目联系不紧密的项目（如基础设施、Ironic、Swift 等）之外，

OpenStack 中的非客户端项目的发布周期为 6 个月。这 6 个月的周期是以 OpenStack 设计峰会与大会（OpenStack Design Summit and Conference）为开始的。在这个大会上，OpenStack 社区中的用户会聚集在一起，在以展示和专家小组座谈为主的会议环境中学习更多有关 OpenStack 的知识。

开发者会集中参加设计峰会。在这里，开发者们将面对面地交流，介绍每个项目的关键组件未来 6 个月和今后的发展。一些团队还会规划在发布周期过半时召开面对面的中期交流，以碰头讨论该周期内计划完成的工作所遇到的重大挑战。

随着 OpenStack 项目的发展和演进，在整个发布周期中，里程碑和发布候选对象会发生变化。项目成员通常会协同工作以在发布周期内的某一期限内完成相应的工作，以便能够将精力集中在发布候选对象和影响发布的 bug 上。

D.1.2 交流

OpenStack 贡献者来自不同的公司，生活在全球各地。当团队无法参加设计峰会或中期交流，他们可以通过各种交流渠道在网上展开协作。

OpenStack 社区致力于让决策透明，让所有的贡献者都能够访问这些决策。这意味着，在与项目沟通时社区鼓励使用开源软件平台，确保网上即时聊天（IRC）日志和会议记录能够保存下来供社区评议。

1. 邮件列表

OpenStack 项目运行着一系列的邮件列表，完整的邮件列表可以在 http://lists.openstack.org/中找到。

涉及所有项目的开发讨论在 penstack-dev 邮件列表中进行，并可根据主题中的话题进行筛选。例如，所有关于 Nova 的讨论都有一个含有[Nova]的邮件主题。这是一个有着很高流量的列表。

运维人员可能对 openstack-user 和 openstack-operators 邮件列表感兴趣。运维人员邮件列表是一个与开发人员邮件列表相似的标签系统。

其他的邮件列表涵盖了各种不同的话题，其中包括文档、国际化（i18n）、基础设施、社区和各种以本国语言交流的当地 OpenStack 群组。

对于一个邮件列表来说，所有邮件的存档或记录可访问 http://lists.openstack.org/中相应的网页或是 Archives 链接进行查阅。

2. 网上即时聊天（IRC）

网上即时聊天（IRC）为一种流行的跨平台交流技术。该技术已经存在了数十年的时间，对于开源项目来说非常流行。大多数项目有着自己的 IRC 频道或是聊天室，并在这里对项目展开讨论。OpenStack 频道在 freenode IRC 网络上，可跨所有主流平台（Mac、Windows、Linux、Android、iOS）通过客户端进行访问。

关于每个组件开发的日常讨论可通过 IRC 进行，更大规模的讨论和决策通常通过邮件列表进行。IRC 上会有一些机器人，当代码评估系统中有新的修改被提交或是有新的代码被并入存储库时，它们会提示贡献者。

会议将在一系列的会议频道召开。会议日程和这些会议的日志链接以及常用频道日志可在 http://eavesdrop.openstack.org/ 中查阅。

> **提醒**
>
> 我们是一个国际化社区。所有会议的规划使用的是 UTC 时间，以便所有贡献者都能够清楚会议什么时间召开。如果可以的话，使用时区转换器或是将会议添加至使用 UTC 时区的日历中，以便不错过会议。

3. 支持

尽管与代码提交没有严格的关系，但是如果不提及保持 OpenStack 社区运行的支持渠道，那么关于交流的讨论将是不完整的。

这里有一个高流量的 OpenStack 邮件列表。在这个列表中，支持方面的问题应当发送至 http://lists.openstack.org/cgi-bin/mailman/listinfo/openstack（而非之前提到的 OpenStack 开发邮件列表）。

寻求协作和共享大规模运行 OpenStack 最佳实践的运维人员可以加入 OpenStack 运维人员邮件列表，网址为 http://lists.openstack.org/cgi-bin/mailman/listinfo/openstack-operators。

关于用户级支持的更多信息参见附录 F。

D.1.3 规范

无论读者是正在寻求提议一项新功能还是寻找要做的工作，熟悉 OpenStack 社区中的规范流程对于让自己发挥重要影响非常重要。

规范概述了项目在指定时间段内，通常是一个发布周期内所规划的工作。它们在开始会作为同行评议文件，概述项目被提议的新功能或修改的不同组件。通常，它们会详细描述修改，包括功能的基本原理；讨论一些替代选项，提交者对此已探索并将阐述如安全、API 和更广泛的项目影响等问题。

所有的规范可在 http://specs.openstack.org/ 中找到。

如果读者寻求添加一个功能，那么需要编写规范并将其提供给社区进行评审。这通常会花上几周时间，期间读者将与项目成员协作，让其能够查看自己的规范并通过评审工具对评论做出回应。一旦被接受，读者可开始编写新功能所需求的代码和支持材料（文档、单元测试）。

规范对于那些正在寻求可从事工作的新贡献者非常有价值。每个项目都会对规划进行分类，以便读者能够确定哪些是目前正在从事的工作。同时通过对规范进行详细阐述，可让读者迅速获得所需要的组件并与当前指定的团队展开合作。

从短期看，规划流程可让任何人都看到在指定的周期内项目内部正在发生什么，让新加入者有机会找到自己可以从事的工作。从长期看，规范对于为什么做出某一特定决定给出了一个详细的历史依据，同时记录了其他经过深思熟虑的策略。

> **提示**
>
> 如果对从事规范工作感兴趣，可与团队中的其他人协调自己的工作。通常会有人已经正在从事规范工作，不要重复他们的工作。

注意，如果读者只是解决一个 bug 或是做一些已通过 IRC 或 OpenStack Development 邮件列表与项目团队讨论过的简单修改，那么读者不需要经历规范流程。

D.1.4 bug 和功能追踪

OpenStack 项目使用的是开源项目平台 Launchpad 进行 bug 和功能追踪。尽管项目一直在持续探索其他的选项，Launchpad 向 OpenStack 项目提供的诸多关键功能之一是可标记 bug 并影响多个项目。有些项目由众多子项目组成并进而构建起我们称之为 OpenStack 的更大项目。对于这些项目，这一标记多个项目的能力至关重要。

D.1.5 Git 和代码评审

OpenStack 使用 Git 进行代码修订控制。OpenStack 项目的所有代码都会通过名为 Gerrit 的代码评审系统进行同行评议。

在通过一系列自动测试（见本附录中 D.1.6 节）之后，项目成员随后会对代码进行全面评审。代码评审由确保代码安全性、编写良好和符合项目标准等环节组成。评审人员还将测试代码并对如何更为高效地运行或高效利用项目的其他组件提出反馈意见。代码测试已深深地根植于 OpenStack 的文化当中，因此当代码涉及 API 等项目的特定组件时，评审人员通常会坚持进行测试。

根据提交的代码和在发布周期内提交代码的时间，代码评审会花上数天或数周时间。以下为让自己的代码被接受的最佳实践。

- 在发布周期内尽早提交——在发布周期后期的代码贡献将受到更多的限制。
- 提交小幅修改而不是大规模的修改——小幅修改更易于评审，因此也易于获得评审。
- 全力并且快速跟上对提交代码的评论。

为了让代码最终能够被纳入进来，需要其他社区成员进行同行评议，以及至少两名项目核心评审人员赞成才能通过。代码有了两张赞成票之后，核心评审人员才能批准对修改进行最终测试。

> **提示**
>
> 一直在为找人对修改进行评审而发愁吗？任何人都可以评审并投下赞成或不赞成票，因此要在评审别人提交的修改时在社区中建立起良好的声誉。通过全面细致的评审增加自己的评审次数也是一种建立声誉的办法，以便有一天自己也能够成为核心评审人员。
>
> 如果失败了，读者可以加入项目的 IRC 频道，询问一些关于自己评审的反馈。不要将评审请求发送至开发邮件列表。

关于设置 Git 和代码评审系统的完成文档，包括获得账户的流程在内的文档都在《OpenStack 基础设施用户手册》的"开发者指南"中，网址为：http://docs.openstack.org/infra/manual/developers.html。

D.1.6 测试基础设施

所有提交到 OpenStack 项目的代码都将由 OpenStack 持续集成（CI）测试基础设施进行一系列自动测试。这一测试基础设施运行着一系列的测试，包括由项目自己定义的单元测试、针对 Python 代码的代码一致性测试（含 lint 和 pep8 测试）以及完整集成测试。在完整集成测试中，一个 OpenStack 实例（在此处为 DevStack）将启动用于确认针对某一项目测试过的代码不会对 OpenStack 中的其他项目产生负面影响。

如图 D-1 所示，所有代码在测试过程中将通过一系列服务器。首先，代码将由开发者的系统上传至代码评审系统。代码评审系统随后会通知一款名为 Zuul 的工具，该工具会对测试工作、相关性和命令进行排序，以确保所有修改都会适当地被相互测试。Zuul 会将修改交给 Gearman 工作进程，它们会决定将修改发送至何处，由 Nodepool 管理的测试程序进行实际测试。

目前，许多项目都有可对修改进行投票的第三方 CI 系统。这些系统来自于不同的公司和机构，可测试针对 OpenStack 项目存储库中最新提交的开源和专有解决方案。通常，读者希望自己的代码通过这些测试，但是有许多原因会导致读者看到自己的代码获得了批准，但是未能通过一些第三方测试（中断、错误配置等）。

这一流程对于开发者来说，很大程度上是看不见的。他们所知道的只是他们提交了代码进行评审，通过访问 Zuul 状态网页（http://status.openstack.org/zuul/）和搜索修改数量跟踪测试状态。一旦测试完成，机器人会在带有测试结果的代码评审界面中发表评论，并确认他们是否通过了测试。随后，同行和核心评审人员会评审代码并批准它们，这与本附录中"Git 和 Code 评审"中所述的一样。代码被批准后，它们会进行一项名为"The Gate"的最终测试，以确保自最初测试以来没有冲突或修改，因为这会导致代码无法被合并或是正常工作。在通过了这些测试后，项目将会接纳这些代码。

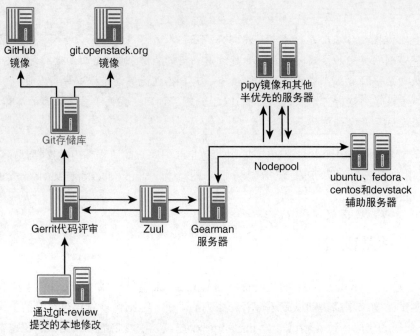

图 D-1　OpenStack CI 概览

> **注意**
>
> 　　想学习关于 OpenStack 所用的持续集成系统的更多知识吗？可访问基础设施团队系统文档，网址为 http://docs.openstack.org/infra/systemconfig/，要查看我们的幻灯片可访问 http://docs.openstack.org/infra/publications/。

D.2　其他贡献

　　本附录仅简要介绍了 OpenStack 项目中以代码为重点的开发工作。没有致力于文档、国际化、项目基础设施、发布管理、质量保证等团队的努力，软件项目是不可能完成的。所有这些项目都有不同的参与方式，读者可以访问由 OpenStack 技术委员会维护的项目团队列表以获取相关信息。

附录 E

OpenStack 客户端（OSC）

当在 OpenStack 生态系统中探索文档和操作指南时，读者不可避免地会触及一些出于运行命令的目的而对每个服务客户端进行描述的文件。由于这些文件都是由单独的团队管理，命令和重叠功能之间会出现越来越多的不一致性。例如，一些客户端会让读者在要素之间使用连字符，读者可以通过计算客户端以及镜像客户端调用镜像。

在 2015 年，项目开始反对这些由每个项目维护的单独命令，转而支持一个统一的客户端，即 OpenStack 客户端（OSC）。这个统一的客户端能够以一种可推断的结构为所有项目提供支持。对于那些在本书编写时已经支持 OSC 的服务，本书使用的均为 OSC。由于目前 OSC 还不支持 Neutron 和 Ceilometer，因此我们使用的是它们专用的客户端。

E.1 基础

关于使用 OSC，读者至少需要知道如何让它们被认证以及它们的基本命令结构，以便能够高效地使用给定的命令和自己的架构。

E.1.1 认证

为了使用任意客户端，读者需要向其提供证书。OSC 通常会遵循这些老客户端使用的证书。通过一个 rc 文件可很容易地完成这一工作。本书中所使用的 rc 文件位于/etc/openrc.admin 和 /etc/openrc.test，由我们的 Puppet 清单创建。它们输出了一系列所需要的变量，其中一些是不能公开的（如密码）。

例如，看一个 openrc.test，读者会看到以下内容。

```
$ cat /etc/openrc.test
```

```
export OS_TENANT_NAME='test_project'
export OS_USERNAME='test'
export OS_PASSWORD='test'
export OS_AUTH_URL='http://192.168.122.38:5000/v3'
export OS_AUTH_STRATEGY='keystone'
export OS_REGION_NAME='RegionOne'
export OS_USER_DOMAIN_ID='default'
export OS_PROJECT_DOMAIN_ID='default'
export OS_IDENTITY_API_VERSION=3
```

通过 source 这一文件，环境将会得到运行 OSC 命令的所有证书。在运行每个命令时，读者还可选择在命令行中键入这些 in-line。例如，读者可使用以下命令代替运行 image list 命令。

```
$ openstack --os-auth-url=http://192.168.122.38:5000/v3 --os-project-name=test_project \
--os-username=test --os-password=test --os-project-domain-id=default \
--os-region-name=RegionOne --os-identity-api-version=3 image list
```

以命令方式运行是非常不方便的。因此，我们推荐使用 rc 文件，大部分运维人员也偏爱使用 rc 文件。

E.1.2 命令

对于以下调用命令，OSC 有一种可预测的结构。

```
$ openstack <object> <action>
```

例如：

```
$ openstack compute service list
$ openstack image list
```

在第一个命令中，compute service 为由两个单词组成的对象，我们对其执行的动作为列出所部署的计算服务。在第二个命令中，image 为对象，我们同样是执行列出它们的动作。

与项目特定的客户端一样，一些 OSC 命令需要管理特权才能运行，如 openstack token issue 和 openstack endpoint create。如果读者试图以没有权限的用户身份使用这一命令，那么将会出现"您没有被授权执行所请求的操作"的错误提示。

项目一直会被增加，现有服务也会不断增加功能，因此读者需要学习它们所支持的最新命令，网址为 http://docs.openstack.org/developer/python-openstackclient/。

E.1.3 交互模式

OSC 还有一个交互模式。它们有点类似于 shell，能够让读者在系统 shell 提示符上单独使用"openstack"，然后发布命令，例如以下所示。

```
$ openstack
(openstack) image list
+------------------------------------+--------------+
| ID                                 | Name         |
+------------------------------------+--------------+
| 51f6c806-799a-4c01-b383-1d890b539828 | Cirros 0.3.4 |
+------------------------------------+--------------+
```

与单独运行命令一样，读者需要提供证书，可以在启动客户端交互模式前对 rc 文件执行 source 命令，也可以提供 in-line 值。注意，如果选择以 in-line 方式提供它们，证书仅需要提供一次，只要交互模式运行起来，客户端将会缓存它们。学习更多关于交互模式的知识可访问 http://docs.openstack.org/developer/python-openstackclient/interactive.html。

E.2 快速参考

以下命令是部署 OpenStack 云的运维人员经常使用的命令。

以管理员身份列出 OpenStack 云中所有正在运行的实例：

```
$ openstack server list --all-tenants
```

列出所有可用的实例镜像：

```
$ openstack image list
```

列出所有可用的计算 flavor：

```
$ openstack flavor list
```

显示可用的 API 端点：

```
$ openstack endpoint list
```

列出已经上传的密钥对：

```
$ openstack keypair list
```

获取令牌：

```
$ openstack token issue
```

检索 keystone 目录：

```
$ openstack catalog list
```

以管理员身份列出 openstack 用户：

```
$ openstack user list
```

获取卷列表：

```
$ openstack volume list
```

显示所有的对象存储容器：

```
openstack container list
```

通过 OpenStack 寻求帮助

OpenStack 是一项复杂的基础设施项目，它们通过每一次的公布不断成长、完善和成熟。本书通过让读者在一些本地机器上运行自己的场景，逐步为读者介绍了各种类型的部署。不过，随着进入生产，读者将不可避免地遇到一些本书涵盖范围之外的问题。

OpenStack 社区由来自全球不同公司的开发者、用户和经验丰富的运维人员组成。这一社区构成了在线社区的基础，他们会彼此分享资源，帮助新加入者解决在开始使用和随后增加 OpenStack 部署时遇到的问题。以下为在 OpenStack 社区中寻找帮助的各种机制。

F.1 文档

官方的 OpenStack 项目文档可在 http://docs.openstack.org/中找到。

在这里，读者还可以找到针对不同 Linux 发行版的分步安装指南、针对 API 的指南以及各种操作与管理指南。下面是作者推荐的指南。

- 通过《OpenStack 操作指南》（OpenStack Operations Guide，http://docs.openstack.org/ops/）可从经验丰富的运维人员那里学到专业的知识。
- 通过《OpenStack 云管理员》（OpenStack Cloud Administrator Guide，http://docs.openstack.org/admin-guide-cloud/）可找到更多管理和解决生产级 OpenStack 云的办法。
- 通过《针对 Ubuntu 的 OpenStack 安装指南》（OpenStack Installation Guide for Ubuntu，http://docs.openstack.org/mitaka/install-guide-ubuntu/）可找到关于 Ubuntu 14.04 的最新分步安装指导。
- 通过《项目团队指南》（Project Team Guide，http://docs.openstack.org/project-team-guide/）可学习到更多关于 OpenStack 的历史和哲学观。

如果读者希望掌握更多 OpenStack 项目的开发知识并希望为项目做贡献，那么读者可在文档网站找到贡献者指南。读者还可以在附录 D 中学习关于贡献代码的更多知识。

F.2 邮件列表

OpenStack 有十多个邮件列表，读者可在 http://lists.openstack.org/中找到这些邮件列表。以下是用户特殊感兴趣的邮件列表。

- OpenStack 普通邮件列表。这是一个欢迎新加入者提问的用户列表：http://lists.openstack.org/cgi-bin/mailman/listinfo/openstack。
- OpenStack 运维人员邮件列表。在这个列表中，经验丰富的 OpenStack 云运维人员会分享经验并针对与开发者的合作制订社区需求优先发展计划：http://lists.openstack.org/cgi-bin/mailman/listinfo/openstack-operators。
- OpenStack 社区邮件列表。这个列表中包括了来自 OpenStack 社区的每周新闻和来自 OpenStack 基金会的资源更新（不针对技术性问题）：http://lists.openstack.org/cgi-bin/mailman/listinfo/community。

如果不熟悉如何使用开源社区邮件列表，在发送信息前需要浏览礼仪指南：https://wiki.openstack.org/wiki/MailingListEtiquette。

F.3 基于 Web

OpenStack 项目运行着一个名为 AskBot 的服务，该服务提供了一项基于 Web 论坛的服务：https://ask.openstack.org/。这一问答服务会显示答案的投票数量。这个网站为 OpenStack 用户提供服务，让用户能够熟悉使用基于 Web 的资源。

如果对这种基于问答的服务方式感到陌生，推荐读者从阅读常见问题（FAQ）开始：https://ask.openstack.org/en/faq/。

F.4 聊天

OpenStack 开发者之间的大部分协作是通过 freenode 网络上的基于文本的交流程序——因特网即时聊天（IRC）展开的。在#openstack 和#openstack-101 等频道获得 OpenStack 支持是它们的价值所在。注意，这些频道中的大多数人都是志愿提供支持的，并非他们的本职工作。因此如果在这里提问，需要做好保持连接并等待一会才能获得答案的准备。

如果熟悉 IRC，读者可以连接至 chat.freenode.net 并访问这些资源。如果不熟悉，可以访问维基百科，学习更多关于 IRC 的知识并找出客户端连接到哪里。

F.5 会议与用户群组

会议与用户群组是从致力于 OpenStack 的大部分人那里获取知识的一个主要渠道。用户、运维人员和厂商每年都会聚集在一起召开各种类型的活动。在 http://www.openstack.org/community/events/可以找到一个关于 OpenStack 活动的较高层面的概述。

F.5.1 OpenStack 峰会

OpenStack 社区的成员每六个月会聚集在一个城市召开一次 OpenStack 峰会。为了让大批的 OpenStack 用户、运维人员和开发者能够更容易参加，峰会将在全球各地召开。那些创建了基于 OpenStack 的产品和服务的主要公司会在峰会上发表主题演讲。同时在一周的时间内，峰会还会举行数百场小型对话会、专家小组座谈会等活动，涉及 OpenStack 的使用、扩展和开发的方方面面。关于峰会的最新消息可访问 https://www.openstack.org/summit/。

这些峰会的视频可免费从 OpenStack 基金会网站上获取，读者也可通过访问关于过去活动的网页浏览这些视频。即便无法参加峰会，对于新加入者以及那些寻求利用开发者提供的最新改良和其他运维人员提供的小技巧在生产中提升工作的经验丰富的运维人员等 OpenStack 社区成员来说，这些视频都是珍贵的信息宝藏。

F.5.2 OpenStack Ops 聚会

该聚会最初的重点是开发者，许多团队也会在两次峰会之间进行聚会以进行协作，当然运维人员也会参加这个聚会。在 Ops 聚会上，经验丰富的运维人员会共聚一堂分享最佳实践，规划走近那些有着共同需求的开发者，同时认识其他运维人员。通常，一些 OpenStack 项目的项目技术领导者也会参加聚会以认识这些运维人员。

更多关于即将召开的聚会的消息可访问 https://wiki.openstack.org/wiki/Operations/Meetups 中关于该活动的网页。追踪最新的计划可阅读 OpenStack 运维人员邮件列表（见 F.2 节）。

F.5.3 OpenStack 用户群组

全球的 OpenStack 社区成员会聚集在一起召开 OpenStack 用户群组会议。这个会议既包括那些找到 OpenStack 兴趣点的人员或是刚开始接触 OpenStack 的人员临时举行的聚会，也包括由主持人和数以百计的参与者每月举行的例行活动。寻找在自己附近举行的聚会可以访问 https://groups.openstack.org/。

F.6 厂商

最后，除了 OpenStack 社区的大量志愿者外，还有几条付费支持渠道。通过探索 OpenStack Marketplace，读者可找到培训课程和分布在全球的整合与咨询厂商的链接。这些整合与咨询厂商可提供大量支持，包括通过定制解决方案包揽将 OpenStack 部署至公司的所有工作以及成为在需要时读者可联系的资源。Marketplace 还让读者有能力探索公有云和私有云解决方案、通过 OpenStack 组件创建的工具以及与 OpenStack 协作硬件的驱动数据库。

www.epubit.com.cn

欢迎来到异步社区！

异步社区的来历

异步社区（www.epubit.com.cn）是人民邮电出版社旗下 IT 专业图书旗舰社区，于 2015 年 8 月上线运营。

异步社区依托于人民邮电出版社 20 余年的 IT 专业优质出版资源和编辑策划团队，打造传统出版与电子出版和自出版结合、纸质书与电子书结合、传统印刷与 POD（按需印刷）结合的出版平台，提供最新技术资讯，为作者和读者打造交流互动的平台。

社区里都有什么？

购买图书

我们出版的图书涵盖主流 IT 技术，在编程语言、Web 技术、数据科学等领域有众多经典畅销图书。社区现已上线图书 1000 余种，电子书 400 多种，部分新书实现纸书、电子书同步出版。我们还会定期发布新书书讯。

下载资源

社区内提供随书附赠的资源，如书中的案例或程序源代码。

另外，社区还提供了大量的免费电子书，只要注册成为社区用户就可以免费下载。

与作译者互动

很多图书的作译者已经入驻社区，您可以关注他们，咨询技术问题；可以阅读不断更新的技术文章，听作译者和编辑畅聊好书背后有趣的故事；还可以参与社区的作者访谈栏目，向您关注的作者提出采访题目。

灵活优惠的购书

您可以方便地下单购买纸质图书或电子图书，纸质图书直接从人民邮电出版社书库发货，电子书提供多种阅读格式。

对于重磅新书，社区提供预售和新书首发服务，用户可以第一时间买到心仪的新书。

用户账户中的积分可以用于购书优惠。100 积分 =1元，购买图书时，在 ⌄ 使用积分 里填入可使用的积分数值，即可扣减相应金额。

特 别 优 惠

购买本书的读者专享异步社区购书优惠券。

使用方法：注册成为社区用户，在下单购书时输入 S4XC5 使用优惠码，然后点击"使用优惠码"，即可在原折扣基础上享受全单9折优惠。（订单满39元即可使用，本优惠券只可使用一次）

纸电图书组合购买

社区独家提供纸质图书和电子书组合购买方式，价格优惠，一次购买，多种阅读选择。

社区里还可以做什么？

提交勘误

您可以在图书页面下方提交勘误，每条勘误被确认后可以获得 100 积分。热心勘误的读者还有机会参与书稿的审校和翻译工作。

写作

社区提供基于 Markdown 的写作环境，喜欢写作的您可以在此一试身手，在社区里分享您的技术心得和读书体会，更可以体验自出版的乐趣，轻松实现出版的梦想。

如果成为社区认证作译者，还可以享受异步社区提供的作者专享特色服务。

会议活动早知道

您可以掌握 IT 圈的技术会议资讯，更有机会免费获赠大会门票。

加入异步

扫描任意二维码都能找到我们：

| 异步社区 | 微信服务号 | 微信订阅号 | 官方微博 | QQ 群：436746675 |

社区网址：www.epubit.com.cn

投稿 & 咨询：contact@epubit.com.cn